变电站常见无功补偿设备详解与典型故障案例分析

主编　姚俊钦　吴俊　宁雪峰

中国水利水电出版社
www.waterpub.com.cn
·北京·

内 容 提 要

为总结变电站无功补偿设备的运维经验，进一步提高运维人员对无功补偿设备的故障分析与缺陷处理的能力，提高管理人员深入分析无功补偿设备故障原因及制定相应对策的能力，本书选取了变电站常见的三种无功补偿设备——电容器、并联电抗器、STATCOM，从一次设备、二次保护两方面对无功补偿设备进行了详细解析，并精选历年无功补偿设备典型故障案例，剖析设备故障的根本原因，提出故障处理及预防的建议措施，为无功补偿设备的运行维护管理工作提供参考。

本书所选案例具有一定的普遍性和代表性，可供广大一线电力员工、变电站运行维护检修人员、电气设备制造技术人员及售后服务人员阅读，也可供其他相关人员参考，亦可供变电设备管理人员参考，是一本实用的科技图书。

图书在版编目（CIP）数据

变电站常见无功补偿设备详解与典型故障案例分析 / 姚俊钦，吴俊，宁雪峰主编. -- 北京 : 中国水利水电出版社，2021.11
ISBN 978-7-5226-0065-9

Ⅰ. ①变… Ⅱ. ①姚… ②吴… ③宁… Ⅲ. ①变电所－无功补偿－补偿装置－故障－分析 Ⅳ. ①TM64

中国版本图书馆CIP数据核字(2021)第210230号

书　　名	**变电站常见无功补偿设备详解与典型故障案例分析** BIANDIANZHAN CHANGJIAN WUGONG BUCHANG SHEBEI XIANGJIE YU DIANXING GUZHANG ANLI FENXI
作　　者	主编　姚俊钦　吴　俊　宁雪峰
出版发行	中国水利水电出版社 （北京市海淀区玉渊潭南路1号D座　100038） 网址：www. waterpub. com. cn E-mail：sales@waterpub. com. cn 电话：（010）68367658（营销中心）
经　　售	北京科水图书销售中心（零售） 电话：（010）88383994、63202643、68545874 全国各地新华书店和相关出版物销售网点
排　　版	中国水利水电出版社微机排版中心
印　　刷	北京印匠彩色印刷有限公司
规　　格	170mm×240mm　16开本　6.5印张　103千字
版　　次	2021年11月第1版　2021年11月第1次印刷
定　　价	**65.00**元

本书编委会

主　　编　姚俊钦　吴　俊　宁雪峰

副主编　王永源　莫镇光　李元佳

参编人员　（排名不分先后）

吴超平　陈　鹏　叶汉华　夏云峰　芦大伟

林志强　冯永亮　郑再添　李　龙　张卫辉

徐　媛　陈泽鹏　秦立斌　张海鹏　邝彬彬

纪丹霞　邓兆辉　李帝周　罗婉儿　李小龙

谢肇轩　刘贯科　程天宇　黄葵平　张　琳

高　培　陈　赟　曾秀文

前言

FOREWORD

无功补偿设备是电力系统中非常重要的元件之一，是电网进行电压调节的设备。传统的无功补偿设备有电容器和并联电抗器，近年来出现了包括STATCOM在内的新型无功补偿设备用于电压调节。如果无功补偿设备在日常运行时发生故障导致无功补偿功能失效，将直接影响电网的安全稳定运行。

随着电网规模的不断扩大，对于高质量电能的需求与日俱增，变电专业从业人员对无功补偿装置的运行维护、故障处理等能力也需要及时强化，以满足电网进行灵活无功调节的要求。因此，变电专业从业人员亟需一本能够正确阐释现有常见无功补偿设备的原理、分析常见典型缺陷的工具书，用以增强其知识储备，指导其进行维护检修工作，从而正确、高效地完成安全生产任务。

为总结变电站常用无功补偿设备的运维经验，进一步提高从业人员快速分析无功补偿设备故障、正确处理故障的能力，有效防范电气故障的发生和扩大，东莞供电局特组织变电运行生产一线专业技术人员编写了本书。

本书具备如下特点：

(1) 案例真实。书中故障案例全部来自于实际工作，且故障处理办法与启示均已应用到实际工作中，并得到了很好的效果。

(2) 内容全面。本书选用了变电站常见的三种无功补偿设备——电容器、并联电抗器、STATCOM，用一次设备和二次回路相结合的方式进行解析，图文并茂，深入浅出。

由于变电站无功补偿设备种类逐渐增多，故障类型复杂多样，本书仅选取了常见的无功补偿设备，并且针对日常工作中具有代表性的故障案例进行了介绍，具有一定的参考价值。

在编写过程中，本书得到了诸多电力系统技术人员的鼎力支持，提供了众多重要资料，书中汇集的现场照片及分析资料凝聚了各专业工作人员的心血，在此深表感谢。

恳请广大读者和同仁批评指正。

编者

2021年10月

目 录

CONTENTS

第1章　电容器组设备详解与典型故障案例分析

1.1　电容器组的组成及各元件的作用

1.1.1　电容器组的组成

1. 概述

电力电容器是电力系统中重要的无功补偿设备，采用并联或串联的方式接入交流系统，在改善功率因数、保障电压质量、减少电能损耗、提高系统输送电能力和增强系统稳定性等方面具有重要作用。电力线路基波等效电路如图1-1所示，线路首端输送功率与末端电压的关系为

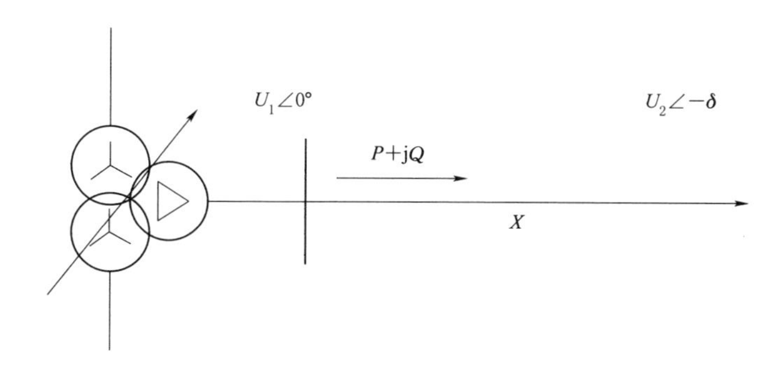

图1-1　电力线路基波等效电路

$$U_2=\frac{U_1^2-QX}{U_1\cos\delta} \tag{1-1}$$

式中　U_1、U_2——线路首端电压和线路末端电压的有效值；

δ——线路末端电压相角；

Q——线路输送的无功功率；

X——线路电抗。

当电力线路中接入大量无功负荷时，线路首端输送无功功率 Q 增大，线路末端电压会随之降低，严重时甚至发生电压崩溃，威胁电网的安全稳定运行。电力电容器发出的无功功率 Q_c 与所在节点电压 U 的平方成正比，即 $Q_c=U^2\omega C$，其中 ωC 为电力电容器的容抗值，在电力线路的首端、尾端或线路中间安装电力电容器等无功补偿设备，能够减少线路首端输送的无功功率 Q，进而提升线路末端电压 U_2，降低线路损耗，提高系统输电能力。

电力系统的用电设备由变压器低压侧直接供电，用电设备在使用时需要大量的无功功率，因此按照电网分层分区平衡和就地补偿的无功补偿原则，变电站采用集中无功补偿方式，将电容器组并联到主变低压侧母线上，依靠分合断路器来控制电容器的投切。电力电容器组的基本接线方式主要有单星型、双星型、单三角型和双三角型，电力电容器组不同的接线方式分别如图 1-2～图 1-5 所示。

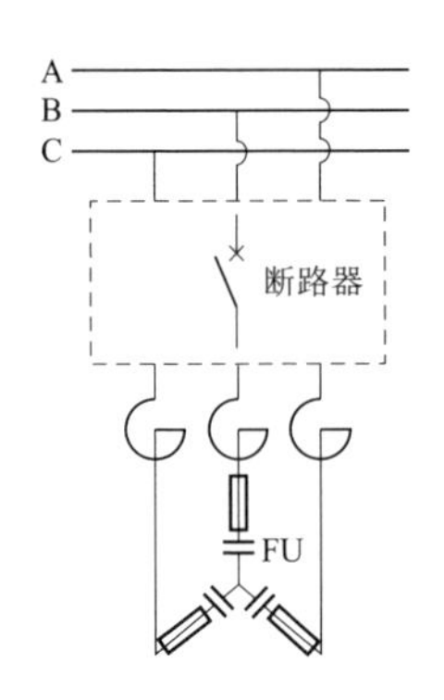

图 1-2　电力电容器组单星型接线示意图

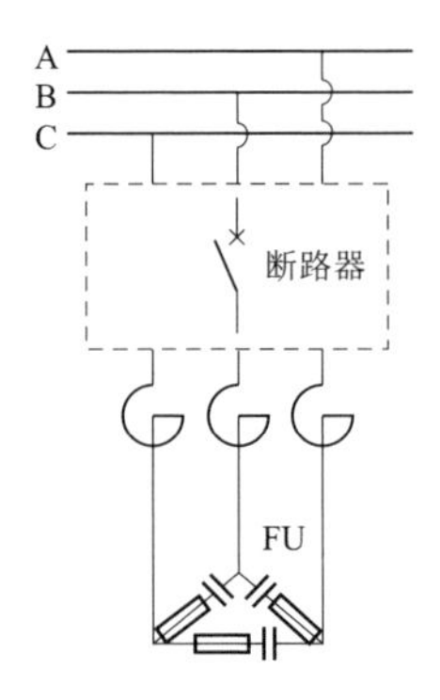

图 1-3　电力电容器组单三角型接线示意图

2. 电容器组的组成元器件及连接图

并联电容器成套装置由集合式并联电容器、串联电抗器、放电线圈、熔断器、避雷器等组成，用来提高系统功率因素，改善电网电压质量，降低线路损耗。

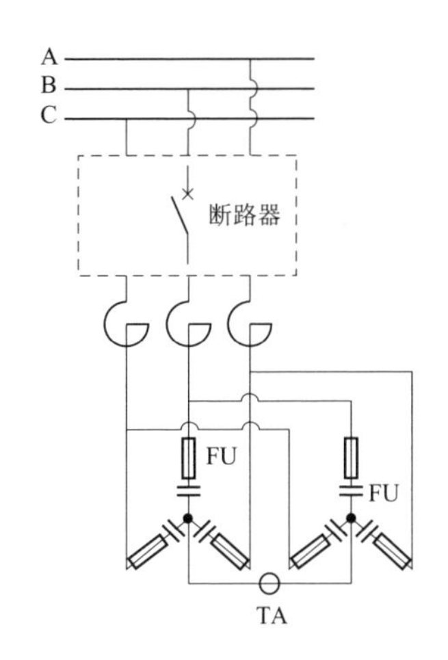

图 1-4　电力电容器组双星型接线示意图

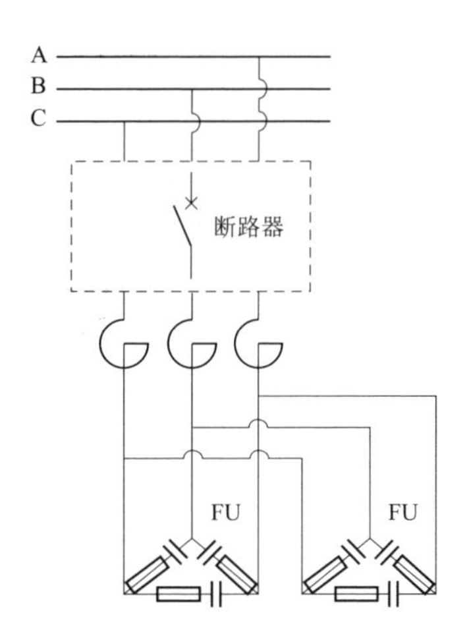

图 1-5　电力电容器组双三角形接线示意图

在实际电力工程中，当单台电容器的额定容量无法满足电网需求时，通常采用多台电容器并联的方式形成电容器组再接入电网，当某台故障电容器的高压熔断器 FU 熔断后，能够减小故障电容器对该相的容量变化影响。并联电容器组通常以成套装置的形式接入电网，并联电容器成套装置主要由集合式并联电容器、串联电抗器、放电线圈、熔断器、避雷器、电流互感器、接地隔离开关等设备组成。由于一次设备连接较为复杂，故以双星型接线方式为例对并联电容器成套装置的工作原理进行分析，10kV 双星型接线方式的并联电容器成套装置如图 1-6 所示。

并联电容器一端经高压熔断器 FU、串联电抗器 L、断路器 QF 和隔离开关 QS 连接到 10kV 母线；另一端三相并联后，经电流互感器 TA 与放电线圈 TV 连接，当电容器停电检修时，合上接地隔离开关 QS1 能够防止电容器母线侧来电，保护检修人员安全，电容器组停电时电容器两端经高压熔断器 FU、放电线圈 TV 进行自放电，避免造成检修人员触电，为防止高压熔断器 FU 熔断导致个别电容器无法放电，在检修工作开展前还需对电容器进行逐个多次放电。高压带电显示装置 B 能够实时检测电容器带电状态，避免人身触电风险。氧化锌避雷器 FV 的主要作用是防止电容器过电压，损坏电容器内部绝缘结构。

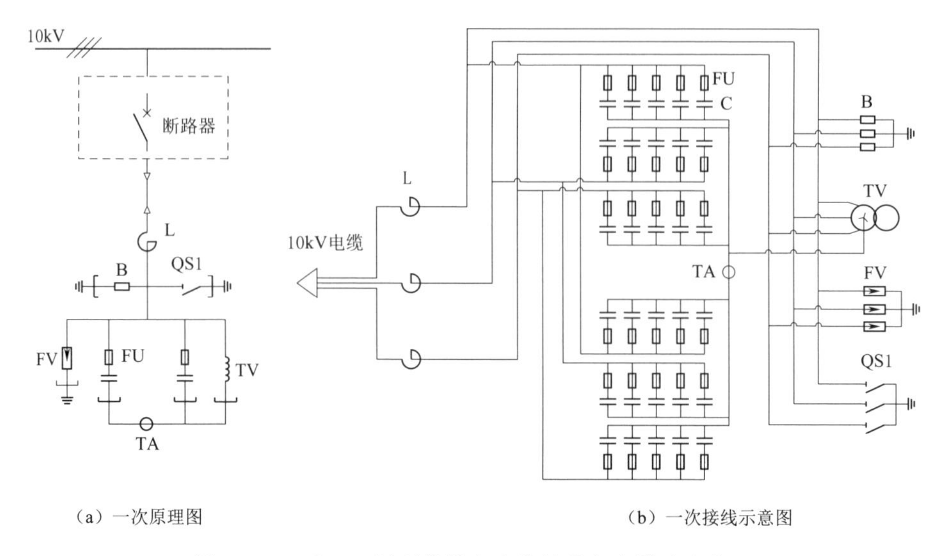

图 1-6　10kV 双星型接线方式的并联电容器成套装置

1.1.2　电容器组各元件的作用

并联电容器成套装置的主要作用是与二次回路相互配合，起到支撑母线电压的作用。

1. 并联电容器

（1）集合式电容器。集合式电容器产品体积小，外壳采用钢板制造。根据油补偿器结构的不同，集合式电容器可分为全密封式集合式和普通油枕式并联电容器。全密封式集合式电容器采用金属膨胀器或外壳使用波纹油箱来补偿壳内油温变化造成的体积变化；普通油枕式并联电容器通过油枕和干燥器与大气相通来补偿壳内油温变化造成的体积变化。全密封式并联电容器箱壳内的绝缘油与大气隔绝，能够更好地保证绝缘油的质量，绝缘油随温度变化而产生的体积变化用金属膨胀器来补偿。集合式电容器如图 1-7 所示。

集合式电容器主要用于提高工频电力系统的功率因数、改善回路特性、降低设备及线路损耗，具有安装简便、使用安全和占地面积小等优点，特别适用于安装场地较小的场合。

图 1-7　集合式电容器

(2) 框架式电容器。框架式电容器组如图 1-8 所示。框架式电容器单元由芯子、油箱和出线瓷套管等部分组成。其中芯子由若干元件串、并联和绝缘件等组成，油箱用不锈钢板焊接制成，箱盖上焊有出线套管。框架式并联电容器可设计成有熔丝或无熔丝两种结构。

图 1-8　框架式电容器组

框架式电容器适用于并联在工频交流电系统中，用于提高电网功率因数、改善电压质量、降低额线路损耗，其经典布置如图 1-9 所示。

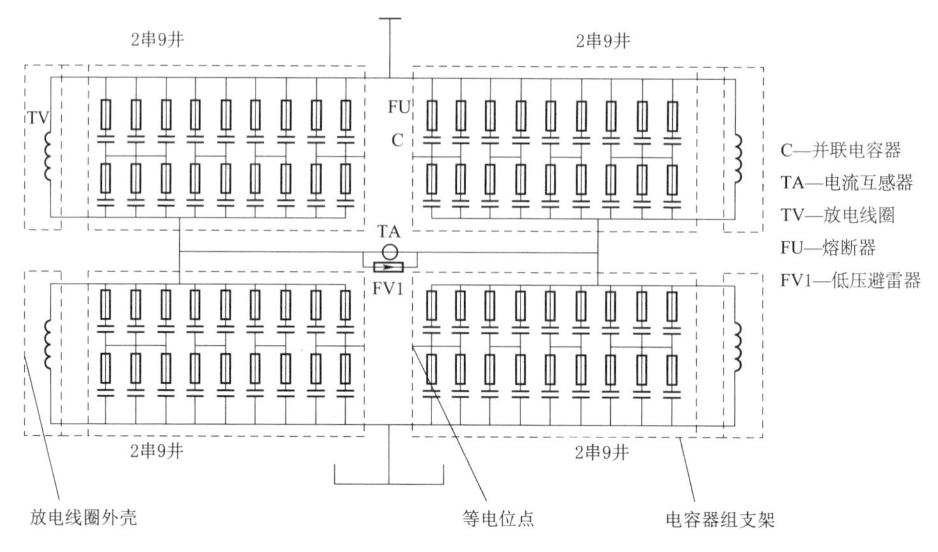

图 1-9　框架式电容器组布置图例

2. 串联电抗器

串联电抗器分为铁芯式和空心式两种，图 1-10 所示为干式铁芯电抗

图 1-10　干式铁芯电抗器

器，图 1-11 所示为干式空心电抗器。串联电抗器用于限制电容器切、投过程中的涌流，抑制电网电压波形畸变和控制流过电容器的谐波分量，能抑制 5 次以上的高次谐波。

图 1-11　干式空心电抗器

3. 放电线圈

放电线圈如图 1-12 所示。干式放电线圈整体采用环氧树脂真空浇筑成型，作为高压并联电容器组断电退出运行的放电之用，使电容器组断电 5s 后电容器两端子间的残压小于 50V，以确保停电检修人员和电容器组再次投入时的安全。放电线圈的二次绕组主要供测量或保护用。

放电线圈的出线端并联连接于电容器组的两个出线端，正常运行时承受电容器组的电压，其二次绕组反映一次变比，精度通常为 50V·A/0.5 级，能在 1.1 倍额定电压下长期运行。其二次绕组一般接成开口三角或者相电压差动，从而对电容器组的内部故障提供保护。电容器组的开口三角电压保护、不平衡电压保护实际就是这种保护。而此种保护根据《并联电容器装置设计规范》(GB 50227—2017) 要求，大量地使用在 6～66kV 的单 Y 形接线的电容器组中。

图 1-12　放电线圈

有时放电线圈可以用 TV 代替，并联电容器成套装置采用放电线圈还是 TV 主要看电容器的容量，一般小容量（小于 1.7Mvar）电容器组放电用 TV 即可，大容量电容器组（不小于 1.7Mvar）肯定要用放电线圈，否则会引起 TV 的烧毁或者爆炸。

4. 熔断器

熔断器也称为保险丝，是一种短路过电流保护电器，如图 1-13 所示。熔断器主要由熔体、熔管、填料（石英砂）组成。在熔管装石英砂，熔体埋于其中，熔体熔断时，电弧喷向石英砂及其缝隙，石英砂可迅速降温并安全有效地熄灭电弧。熔断器串联于被保护电路中，当被保护电路的电流超过额定值一定时间后，熔体自身产生热量并熔断熔体，快速切除该回路，起到保护的作用。

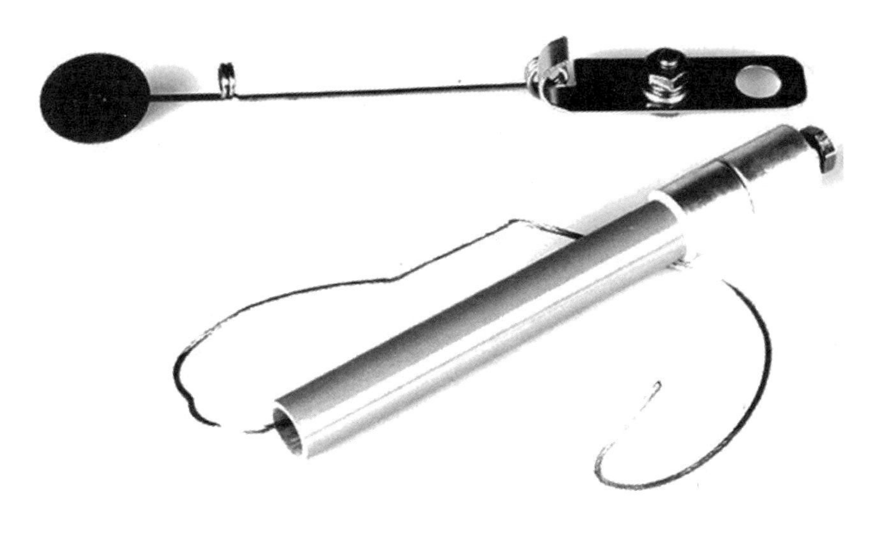

图 1-13　熔断器

5. 避雷器

避雷器的主要类型有管型避雷器、阀型避雷器和金属氧化物避雷器等。根据《并联电容器装置设计规范》(GB 50227—2017) 限制电容器组操作过电压选用无间隙金属氧化物避雷器，无间隙金属氧化物避雷器性能优良，其电阻片具有良好的非线性伏安特性，使避雷器在正常运行电压下处于高阻状态，在过电压作用下呈低阻导通状态，将避雷器电压限制在允许值内，保护电容器组免受过电压损坏。避雷器如图 1-14 所示。

1.1.3　电容器组的运行与维护

电容器组的运行和维护应注意以下内容：

(1) 值班人员应做好运行情况的详细记录，在开始运行后的 24 小时内，要经常注意观察母线的电压和装置的每相电流，各相负荷应当平衡，注意防止轻负荷时电压升高。

(2) 建议每天观察装置各部件的运行情况，停电检修时及时清扫各套管表面和各电器外壳、构架以防引发意外事故，试运行一星期后开始进行

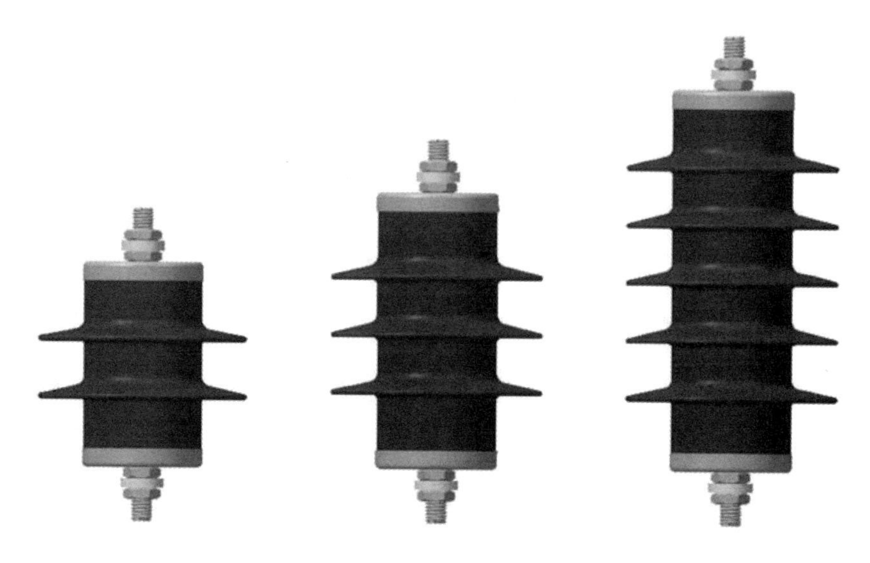

图 1-14　避雷器

常规检查，特别注意检查各部件是否连接良好，发现问题及时解决，如无异常，每 3～6 个月进行一次常规检查。

（3）通过无功表和电流表，观察装置的容量和负荷是否三相平衡并在允许的极限范围内；通过信号继电器和指示灯观察保护的动作情况；在保护动作跳闸尚未找出原因并正确处理之前不得重新合闸。

（4）投入变压器或并联电抗器时，应先投变压器或并联电抗器，待负荷正常运行后再投电容器装置；切除时则按相反顺序，以避免装置与系统产生电流谐振而损坏。

（5）定期进行电容器组单台电容器电容量的测量。对于内熔丝电容器，当电容量减少超过 3%时，应退出运行该单台电容器，当电容量减少超过 5%时，应退出整组电容器组；当发现电容器增大将导致产生击穿电压时，应立即退出运行。若电容器损坏，必须更换新电容器。更换时应注意核查新电容器的额定电压、电容量、外形尺寸等，应满足相关要求。

（6）对装置各主要部件，例如对电容器、串联电抗器、放电线圈的绝缘电阻、油面、油耐压等进行预防性检查和试验，检查方法按使用说明书进行。

（7）加强外熔断器的巡视：①安装角度应符合制造厂的要求；②弹簧

是否发生锈蚀；③指示牌是否在规定的位置；④及时更换已锈蚀、松弛的外熔断器，避免因外熔断器开断性能变差而导致人身事故。

1.2 电容器组二次保护回路的基本原理

1.2.1 不平衡电流保护

1. 不平衡电流保护的作用

电容器组不平衡电流保护是基于当某相一台或几台电容器内部发生故障时，故障相的容抗发生变化，三相电容器组阻抗不平衡，中性点间电压差不为零，中性点有不平衡电流流过的原理制定的一种电容器组保护。当中性点有不平衡电流流过时，电容器保护采集到串联在中性点上的中性点TA二次电流时，不平衡电流保护动作，跳开电容器组断路器，切除故障电容器组。

2. 不平衡电流保护的回路

（1）保护定值及硬压板。

1）不平衡电流采样。一次TA主要串联安装在电容器组本体中性点上，如图1-17中的LLH0，二次电流采样来自该TA二次电流值，如图1-18中的LLH0。

2）硬压板。不平衡电流保护无配置独立的保护压板和出口压板，合并1块电容器断路器保护跳闸出口压板（与其他保护共用），正常运行时跳闸出口压板在投入状态。

3）根据相关定值整定原则要求，按厂家提供的数据整定，厂家暂无法提供不平衡定值的，可按不平衡电流 $I_{0uzd}=3.5A$（二次值），或依实际情况进行调整（实测不平衡电流调整），延时0.2s作用于跳闸。双星接线，电流取自中性点TA，TA变比要求不大于10/1，注意保护精度应满足要求。

4）参考保护定值单执行说明。不平衡电流保护控制字置“1”则投入该保护，整定门槛值（二次值）：不平衡电流定值 $I_{0uzd}=0.1\text{A}$，不平衡电流时间 $T_{0i}=0.2\text{s}$。

TA 一次接线图如图 1－15 所示，电流回路图如图 1－16 所示。

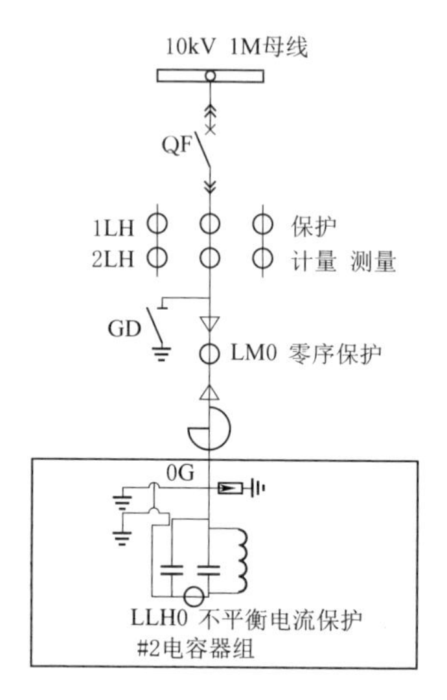

图 1－15　TA 一次接线图

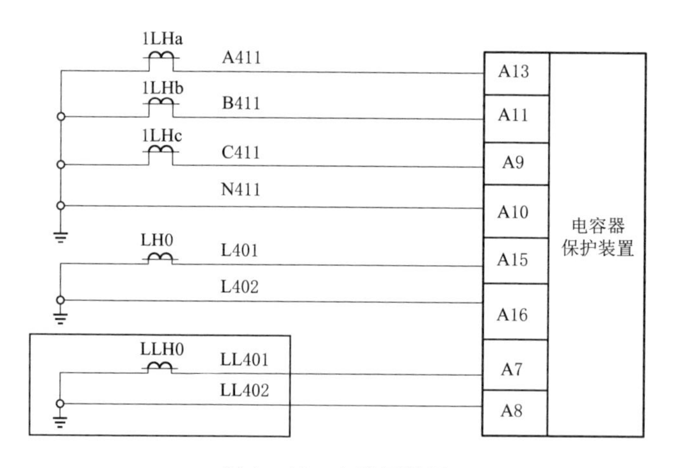

图 1－16　电流回路图

（2）逻辑回路如图 1－17 所示。当流经电容器组中性点电流大于“整定值＋不平衡电流保护投入＋不平衡电流启动元件启动”，不平衡电流保护启动，经延时后出口。

（3）跳闸回路如图 1－18 所示。当不平衡电流保护出口，逻辑接点导

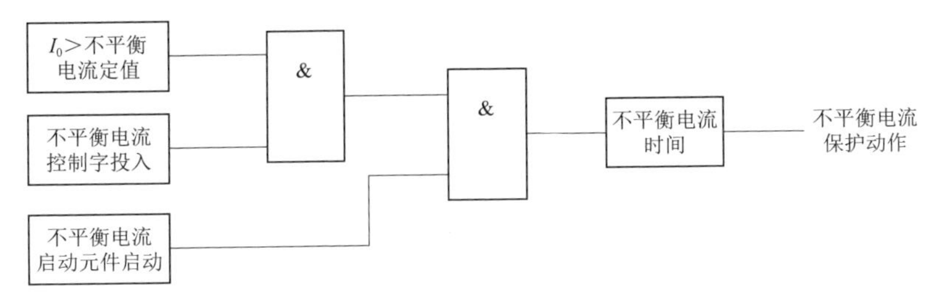

图 1-17　逻辑回路

通、数模转换形成，回路中保护跳闸接点 TJ 闭合导通，接通电容器组断路器跳闸回路，断路器动作跳闸。

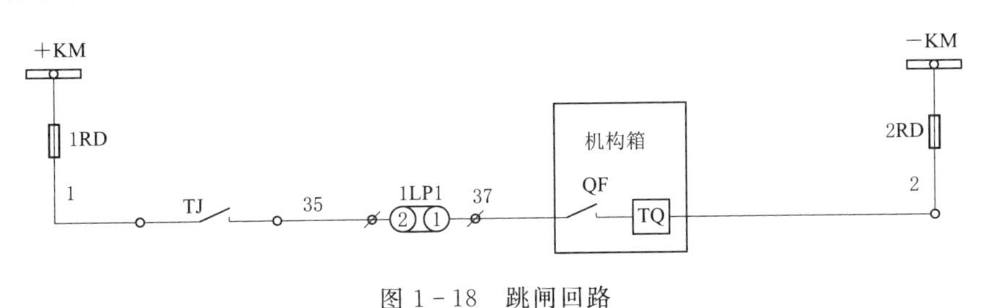

图 1-18　跳闸回路

1.2.2　过电流保护

1. 过电流保护的作用

过电流保护的作用主要是保护电容器引线上的相间短路故障或在电容器组过负荷运行时使断路器跳闸。电容器过负荷的原因为：一是运行电压高于电容器的额定电压；二是谐波引起的过电流。为避免合闸涌流引起保护的误动作，过电流保护应有一定的时限，一般将时限整定到 0.5s 以上就可躲过涌流的影响。

2. 过电流保护的回路

(1) 保护定值及硬压板。

1) 过电流保护采样。一次 TA 主要串联安装在电容器组断路器 TA 上，如图 1-15 中的 1LH 保护二次组。二次电流采样来自该断路器 TA 二次电流值，如图 1－16 中的 1LHa、1LHb、1LHc。

2）硬压板。过电流保护无配置独立的保护压板和出口压板，合并 1 块电容器断路器保护跳闸出口压板（与其他保护共用），正常运行时跳闸出口压板在投入状态。

3）根据相关整定原则要求，过流Ⅰ段保护（速断保护）按照躲开电容器组投入时的励磁涌流整定，一般取 $5I_e$，延时 0.2s 作用于跳闸。过流Ⅱ段保护（定时限过流）按照躲开电容器组正常运行的额定电流整定，一般取 $1.5I_e$，延时 0.5s 作用于跳闸。

4）参考保护定值单执行说明。过电流保护分为三段式，其中Ⅰ段、Ⅱ段控制字置"1"投入该过电流保护，整定门槛值（二次值）：过电流Ⅰ段定值 $I_{1zd}=2.63A$（一次值为 2630A），过电流时间 $T_1=0.2s$；过电流Ⅱ段定值 $I_{2zd}=0.79A$（一次值为 790A），过电流时间 $T_2=0.5s$，过电流Ⅲ段一般不设。

（2）逻辑回路如图 1－19 所示。当流经电容器组断路器 TA 电流任何一相大于"整定值（I_{1zd}/I_{2zd}）＋过电流保护投入（过流Ⅰ段 GL1/过流Ⅱ段保护 GL2 投入）＋过电流时启动元件启动"，过电流保护启动，经延时后出口。

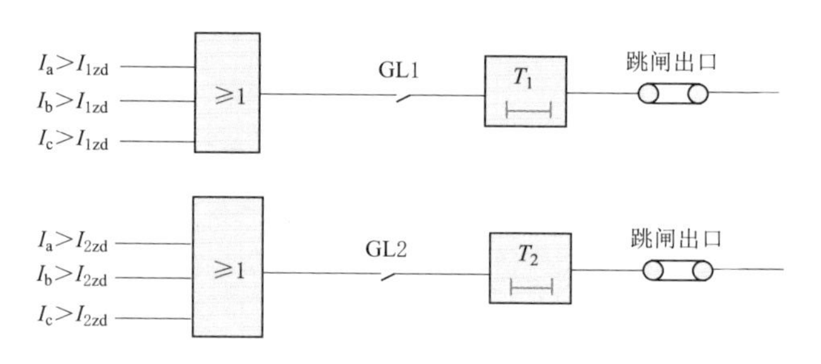

图 1－19 逻辑回路

（3）跳闸回路如图 1－20 所示。当过电流保护出口，逻辑接点导通、

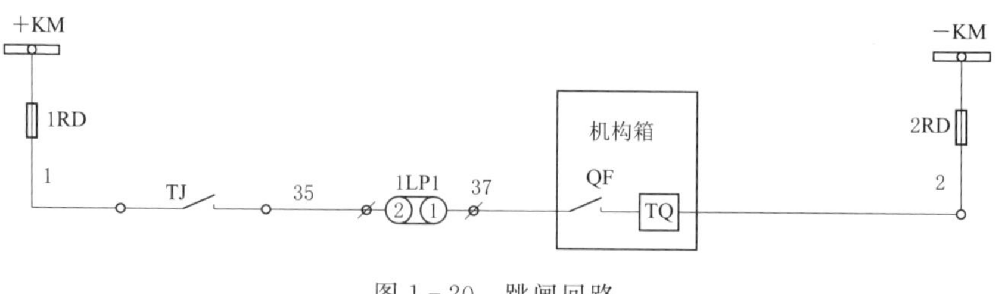

图 1－20 跳闸回路

数模转换形成，回路中保护跳闸接点 TJ 闭合导通，接通电容器组断路器跳闸回路，断路器动作跳闸。

1.2.3 低电压保护

1. 低电压保护的作用

低电压保护也称欠/失压保护，主要作用于防止空载变压器与电容器组同时合闸时，产生的工频过电压和谐振过电压对电容器组的危害。当主变压器与变压器低压侧 10kV 母线上所带 10kV 电容器组同时运行时，若发生该主变压器跳闸，或者主变压器低压侧断路器分闸后，10kV 母线失压，此时低电压保护动作跳开运行中的电容器组。

2. 低电压保护的回路

（1）保护定值及硬压板。

1）低电压采样。低电压采样主要来自电容器组所挂的母线 TV 二次电压保护组二次值。

2）硬压板。低电压保护无配置独立的保护压板和出口压板，合并 1 块保护跳闸出口压板（与其他保护共用），正常运行时跳闸出口压板在投入状态。硬压板投退界面如图 1－21 所示。

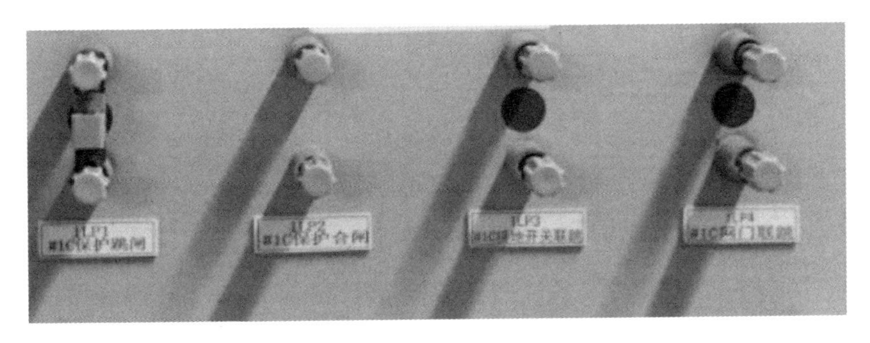

图 1－21　硬压板投退界面图

3）根据相关定值整定原则要求，低电压保护定值（失压）一般整定为 40V（线电压），延时 0.6s 作用于跳闸。电压取自母线 TV，电压值应大于备自投无压定值（25V）。当母线 TV 断线时，低电压保护投入，同时低电压电流闭锁投入，防止 10kV 电容器组低电压保护误动作。由于失压保护是在母线完全失压的情况下动作，因此，只有当三相均失压时保护才动作，以三相均失压为判据的措施作为防止 TV 单相或两相断线引起失压保护误动作。

4）参考保护定值单执行说明。低电压保护控制字置“1”则投入该保护，整定门槛值（二次值）：低电压 $U_{dyzd} \leqslant 40V$，低电压有流闭锁置“1”时，低电压电流闭锁值 $I_{bszd}=0.5A$，低电压时间 $T_{dy}=0.6s$。

（2）电压采样值。电压采样值来自电容器组所接改段母线 TV 二次电压，如图 1-22 所示。

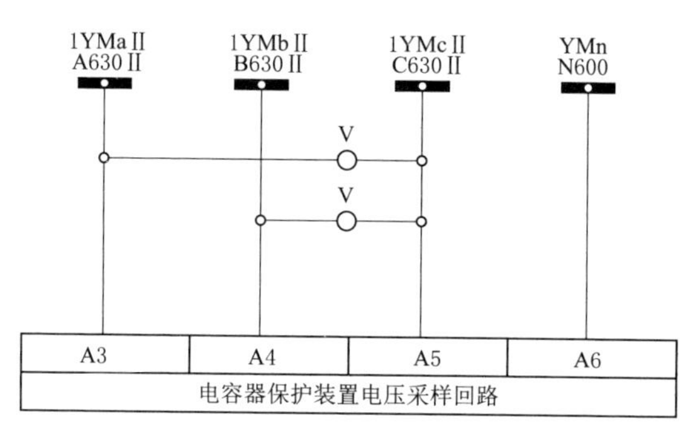

图 1-22　电压采样

（3）逻辑回路。当三相线电压都小于“整定值＋低电压保护投入＋断路器在合闸状态＋最大线电流小于低压电流闭锁值”时，低电压保护启动，经延时后出口，如图 1-23 所示。

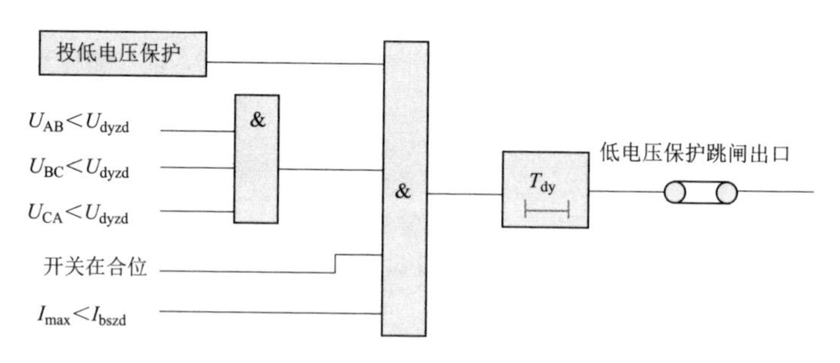

图 1-23　逻辑回路

（4）跳闸回路。当低电压保护出口，逻辑接点导通、数模转换形成，回路中保护跳闸接点 TJ 导通，接通电容器组断路器跳闸回路，断路器动作跳闸，如图 1-24 所示。

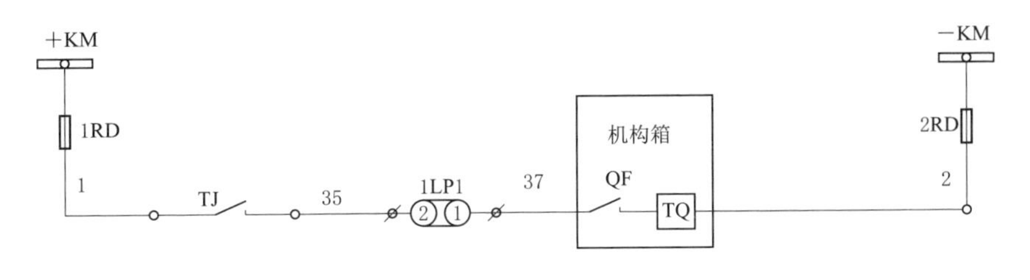

图 1-24　跳闸回路

1.2.4　过电压保护

1. 过电压保护的作用

（1）过电压保护，主要作用于防止系统稳态过电压造成电容器组损坏。

（2）定值单方面要求。装置设置控制字决定投跳闸还是发信号，当控制字为“1”时，过电压保护出口跳闸，否则装置只发信号。

2. 过电压保护的回路

（1）保护定值及硬压板。

1）过电压采样主要来自电容器组所挂的母线 TV 二次电压保护组二次值。

2）硬压板。过电压保护无配置独立的保护压板和出口压板，合并 1 块保护跳闸出口压板（与其他保护共用）。正常运行时，跳闸出口压板在投入状态。

3）根据相关定值整定原则要求。过电压保护定值一般整定为 120V（线电压），延时 10s 作用于跳闸。硬压板投退界面如图 1-25 所示。

4）参考保护定值单执行。过电压保护控制字置“1”时投入该保护，整定门槛值（二次值）：过电压 $U_{gyzd}>120V$，过电压时间 $T_{gy}=10s$。

（2）电压采样值。电压采样值来自电容器组所接改段母线 TV 二次电压，如图 1-26 所示。

（3）逻辑回路如图 1-27 所示。当三相线电压其中一相大于“整定

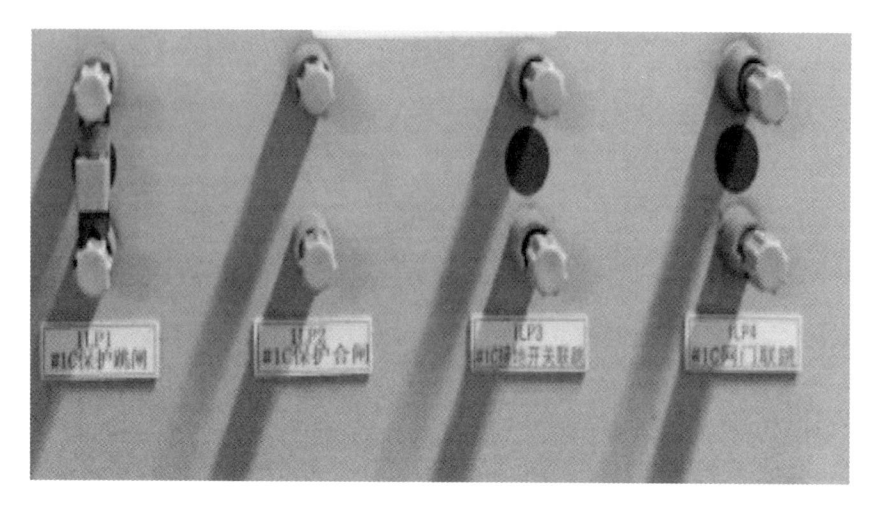

图 1－25　硬压板投退界面图

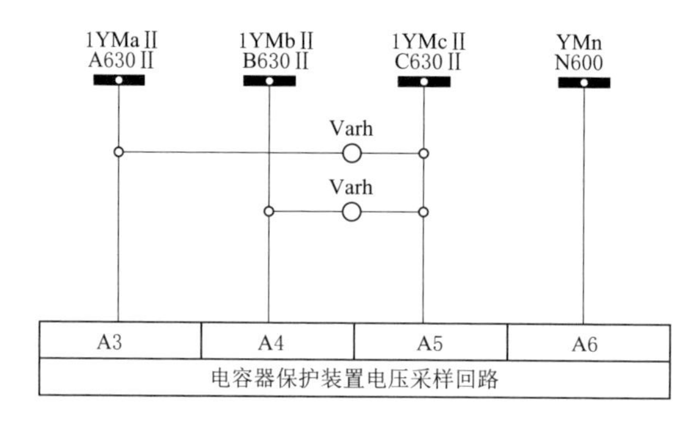

图 1－26　电压采样

值＋过电压保护投入＋断路器在合闸状态”时，过电压保护启动，经延时后出口，如图 1－27 所示。

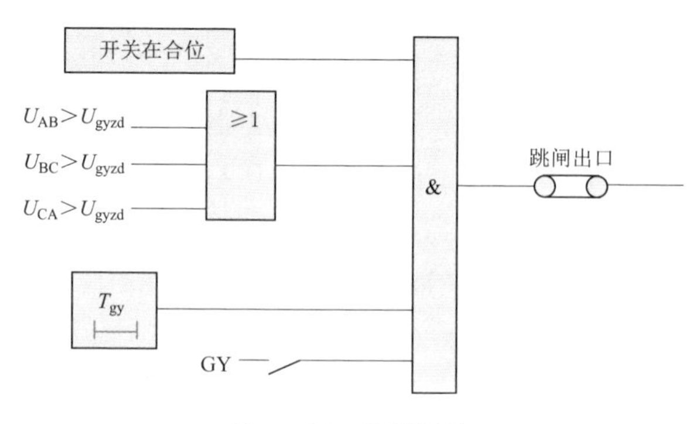

图 1－27　逻辑回路

（4）跳闸回路。当过电压保护出口，逻辑接点导通、数模转换形成，回路中保护跳闸接点 TJ 导通，接通电容器组断路器跳闸回路，断路器动作跳闸。跳闸回路如图 1－28 所示。

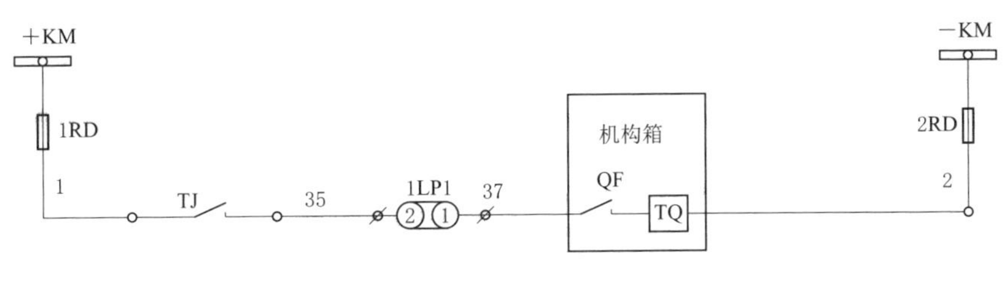

图 1－28　跳闸回路

1.2.5　网门联跳保护

1. 网门联跳的作用

网门联跳保护主要作用于运行人员误入带电间隔，当打开电容器组电容器网门或者附属电抗器设备网门时，如图 1－29 所示，安装在网门关闭处的常闭接点行程开关因打开门后而自动闭合，接通电容器组跳闸回路，从而跳开运行中的电容器组断路器，有效保障人身安全。

图 1－29　电容器室网门图

2. 网门联跳保护的回路

（1）保护定值及硬压板。网门联跳保护只安装了电容器组所有网门和附属电抗器设备网门常闭的行程开关，未设置保护定值及硬压板。

（2）跳闸回路。网门联跳回路如图 1－30 所示，由正电＋KM＋1RD＋1WM1（网门打开，行程开关常闭接点闭合）＋出口压板 1LP1，接入断路器常开接点至分闸线圈，实现网门打开联跳电容器组断路器跳闸回路，断路器动作跳闸。

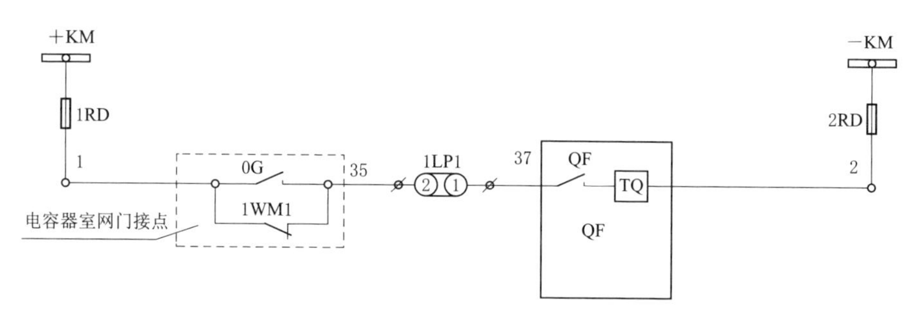

图 1－30　网门联跳回路

1.3　电容器组故障实例分析

1.3.1　案例一 35kV 电容器组串联电抗器故障分析

1. 故障简介

××年××月××日，调控 AVC 合上了 500kV GC 站 35kV 3 号 M 母线 1 号电容器组 331 断路器，电容器组正常运行 10min 后，500kV GC 站 35kV 3 号 M 母线 1 号电容器组 331 断路器跳闸。

检查保护装置报文为 AC 相限时速断电流动作，现场检查 35kV 3 号 M 母线 1 号电容器组情况，发现 1 号电容器组 A 相串抗器有爆炸声，而且起明火冒烟。500kV GC 站运行值班人员确认切断电源的情况下，使用灭火器现场灭火，明火熄灭后，现场查看 35kV 3 号 M 母线 1 号电容器组串抗损坏情况，如图 1-31 所示。

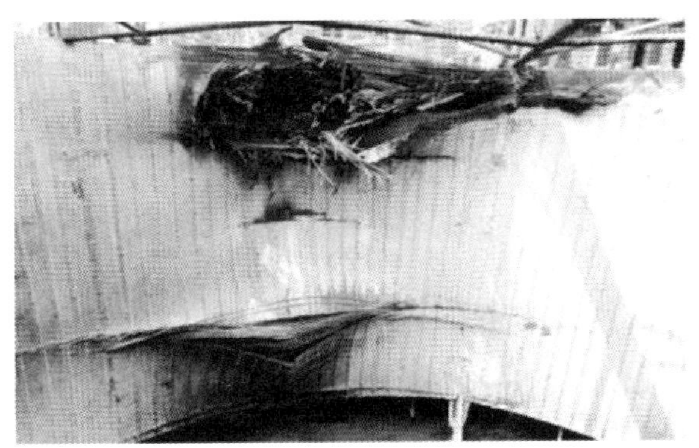

图 1-31　35kV 3 号 M 母线 1 号电容器组串抗损坏现场图

2. 故障分析

（1）现场对一、二次设备的检查情况。现场检查电容器保护装置定值正确，二次回路完好。装置动作报告显示：1 号电容器组串联电抗器三相故障导致 35kV 3 号 M 母线 1 号电容器 331 断路器保护三相电流升高，其中 A 相二次值 15.32A（TA 变比 2000/1，折算成一次值 30640A），故障持续约 253.2ms 后，1 号电容器组保护装置 AC 相限时电流速断保护动作，120ms 之后 1 号电容器保护装置限时电流速断保护动作返回。限时电流速断定值整定为 2.48A，限时电流速断时限定值整定为 0.2s，1 号电容器保护装置限时电流速断保护动作正确。保护装置动作报告、监控后台报文、故障录波信息如图 1-32～图 1-34 所示。

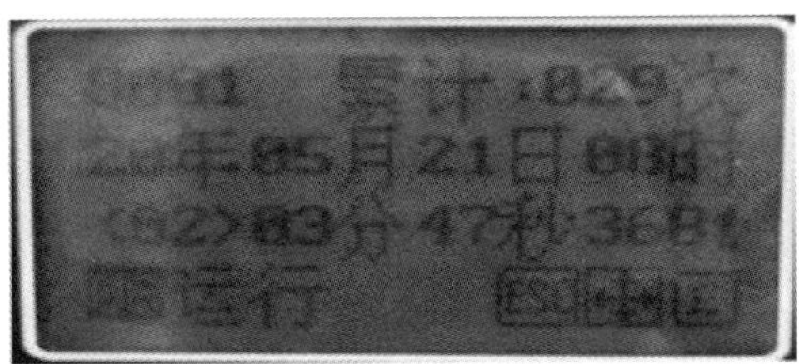

图 1-32　保护装置动作报告

现场对 35kV 3 号 M 母线 1 号电容器组串联电抗器进行初步检查，检查发现 A 相电抗器出现局部爆裂和线圈裸露，电抗器内外层包封和相间瓷瓶出现不同程度的烧黑。A 相电抗器烧损最为严重，共有两处爆裂点：上

系统告警(外网)

时间	告警内容	告警组名
2020-05-21 09:06:10.000	莞城站 35kV331低压电容器3313刀闸	刀闸动作
2020-05-21 08:01:57.000	莞城站 220kVI段 电压 [值: 233.771] [上限:234.3]	电压监视
2020-05-21 08:47:48.000	莞城站 35kV3段#1电容器保护跳闸	电容事故信号
2020-05-21 08:01:09.000	莞城站 220kVII段 电压 [值: 233.513] [上限:234.3]	电压监视
2020-05-21 08:00:20.000	莞城站 35kVIV段#2电容器组断路器弹簧未储能	电容异常信号
2020-05-21 08:00:20.000	莞城站 35kVIV段#2电容器组断路器机械合闸闭锁	电容异常信号
2020-05-21 08:00:18.000	莞城站 220kVI段 电压 [值: 232.869] [上限:234.3]	电压监视
2020-05-21 08:06:03.000	莞城站 220kVV段 电压 [值: 234.158] [上限:234.3]	电压监视
2020-05-21 08:06:03.000	莞城站 220kVV段 电压 [值: 234.158] [上上限:235.4]	电压监视
2020-05-21 08:00:12.000	莞城站 35kV343低压电容器343开关	500站电容开关
2020-05-21 08:00:12.000	莞城站 35kV4段#2电容器控制回路断线	电容异常信号
2020-05-21 08:00:12.000	莞城站 35kVIV段#2电容器组断路器弹簧未储能	电容异常信号
2020-05-21 08:00:12.000	莞城站 35kVIV段#2电容器组断路器机械合闸闭锁	电容异常信号
2020-05-21 08:00:12.000	莞城站 35kV4段#2电容器控制回路断线	电容异常信号
2020-05-21 08:03:26.002	莞城站: 08时03分26秒 35kV 331电容故障	综合分析

图 1－33　监控后台报文

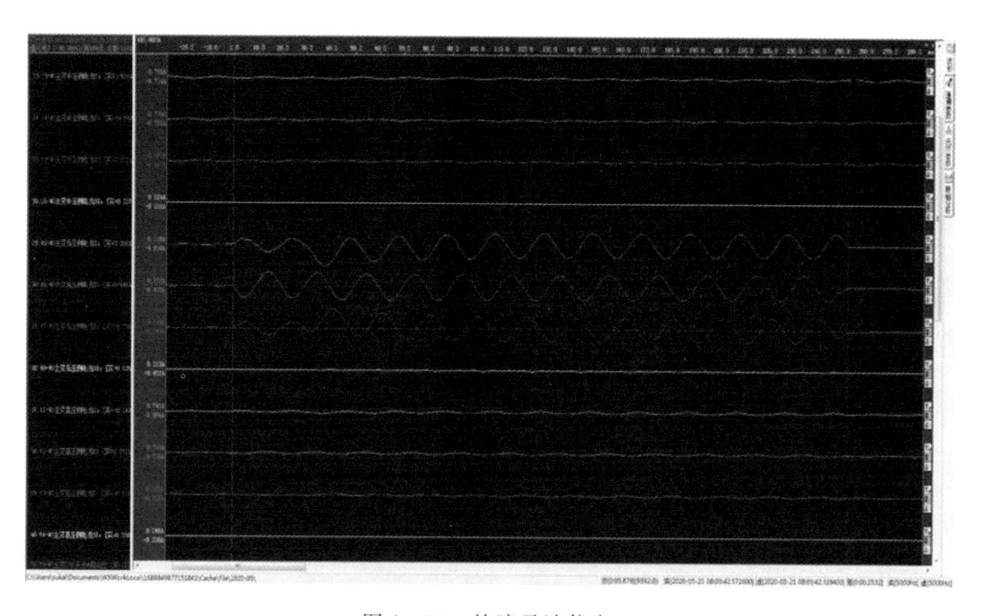

图 1－34　故障录波信息

方线圈多匝烧损熔断，浇筑绝缘烧损严重；下方则呈现包封烧黑爆裂，铜线外凸烧黑但并未烧断。电抗器其余表面有熏黑现象，包封表面平整且未见裂纹。电抗器星形架表面熏黑，AB 相间支柱瓷瓶绝缘击穿，放电痕迹明显。第一现场电抗器总体情况如图 1－35 所示，A 相电抗器整体受损情况如图 1－36 所示。

图 1-35　第一现场电抗器总体情况

图 1-36　A 相电抗器整体受损情况

（2）故障原因分析。

1）根据现场情况以及返厂解剖检查的结果，可以推算出本次故障的过程如下：

首先是第一包封或者第二包封的上端某处出现线圈内部绝缘薄弱点，在反复的投切过电压下导致绝缘损坏，出现匝间放电击穿并形成匝间短路，然后放电处温度不断上升导致导线熔断，形成熔铝。由于串联电抗器的并联支路很多，此时的电抗器电流变化不大，没能及时切除故障电抗器。随着时间推移，熔铝面积不断扩大并发生滴落和喷溅，高温的熔铝对邻近包封绝缘起破坏作用，最终导致事故扩展到多包封故障。

另外，由于叠装的安装模式，在熔铝滴落和喷溅过程中造成了故障录波及保护显示的三相相间短路故障，短路冲击导致线圈第一包封发生严重变形，这点可以从BC相线圈残留大量熔铝、星形架上放电痕迹、线圈表面跳出的撑条和绝缘子伞裙的放电痕迹上得到佐证。

2）从近期运维情况来看，在开展的直流电阻测试中未发现明显电阻偏差；在开展的匝间绝缘专项检测中，耐压试验通过，未发现明显的电抗器匝间绝缘损伤问题；在测温时未发现异常。因此，可初步排除电抗器早期出现匝间绝缘损伤或短路的可能性。

从近期投退的情况来看，GC站电容器投切情况统计见表1-1。500kV GC站电容器组长期处于无功缺口状态，电容器组投退频繁。331电容器组在2个月内投切次数达60次，超过一半情况投切时间间隔在10min以内，故障前两天的投退共16次，其投投切时间间隔均在6min。可判断投退频发是故障发生的一个重要诱因。（从历史运行情况总体来看，3M及4M的电容器投退次数和投退间隔较为类似，4M电容器也在前两年期间电容器故障频繁，有一定的对比意义。）

表1-1　　GC站电容器投切情况统计表

所属母线	电容器编号	投切次数	投切时间间隔30min左右以内的次数	投切时间间隔10min左右以内的次数
35kV 1M	311	7	2	0
	313	42		
	315	33		
35kV 2M	321	53	6	0
	323	42		
	325	32		
35kV 3M	331	60	32	32
	333	8		
	335	8		
35kV 4M	341	71	26	14
	343	11		
	345	6		

因此，综合上述因素，可判断由于电容器组近期投退频繁，且投退间隔时间较短，电抗器匝间绝缘的薄弱点在绝缘未完全恢复的情况下，受到电抗器合闸涌流的不断冲击，造成绝缘薄弱点逐步下降不可逆转。此状态下电抗器在故障当天投入运行12min后，内部温升加剧，发热严重，使得电抗器内部绝缘遭到持续破坏，最终导致绕组匝间短路，造成此次电抗器烧毁，并引起三相短路故障。

3. 故障处理

GC站发现35kV 3号M母线1号电容器组331断路器跳闸后，运行人员立即至现场检查相关设备运行情况。在发现A相串抗器有起明火冒烟的情况后，在确认35kV 3号M母线1号电容器组331断路器切断电源的情况下，再通知调控将相邻设备转热备用并挂牌，迅速准备好灭火器进行灭火，防止火情扩大影响正常运行设备。现场明火熄灭，确认为A相串抗器故障后，将35kV 3号M母线1号电容器组331断路器及串联电抗器由冷备用转检修，完成新电抗器更换。

4. 故障总结

根据上述分析，500kV GC站35kV 3号M母线1号电容器组A相串抗器是由于电容器组近期投退频繁，且投退间隔时间较短，电抗器匝间绝缘的薄弱点在绝缘未完全恢复的情况下，受到电抗器合闸涌流的不断冲击，造成绝缘薄弱点逐步下降从而导致绕组匝间短路，造成了此次电抗器烧毁，并引起三相短路故障。通过此次事故，运行人员必须总结经验，积极采取措施避免类似事件再次发生。

（1）完成同类型电抗器的收资，关注电抗器运行情况，对同类设备加强测温。

（2）结合停电组织检修专业对同类型电抗器进行检修维护，排除异常。

（3）对电抗器组织开展进一步研究，包括空心电抗器试验项目的有效性、如何提高运维检测手段（如无法对内层进行测温）、加装在线测温装置的有效性等，提高电抗器故障的预防检测手段。

（4）对AVC投退策略进行完善，以避免短时间内频繁投切造成电抗器绝缘不可恢复的情况。

（5）把好出厂验收关口，梳理电抗器设备招标的技术规范，综合考虑成本因素，从材料、工艺方面提高设备的入网质量。

通过完善上述措施，做好每一个环节，相信这类型事件的发生概率会大幅降低。作为变电运行人员，设备安全、人身安全是首要任务，每经过一次事故都必须认真总结经验，积极采取防范措施，这样才能保证设备运行的安全、保证人身安全，确保电网的持续安全运行。

1.3.2　案例二 10kV 电容器组不平衡电流偏大异常分析

1. 故障简介

××年××月××日上午，220kV WJ 站 10kV 14 号电容器组在合闸运行中，监控后台机发出报文："10kV 14 号电容器保护 RCS96311A 整组启动"（频繁启动），"10kV 14 号电容器组保护动作/复归"信号频繁，如图 1-37 所示。对电容器保护装置进行检查，发现 10kV 14 号电容器组在运行状态时的不平衡电流为 4.72A，如图 1-38 所示；不平衡电流明显偏大，查看定值单，不平衡电流保护动作出口值 5A；还没有到动作出口值，随后将 220kV WJ 站 10kV 14 号电容器组转热备用，信号复归。值班人员到现场对电容器单元及其附属设备进行详细检查，发现 B10 电容器单元熔断器熔断，如图 1-39 所示。

2. 故障分析

电容器组在正常运行时，三相负载的电流是基本平衡的，但由于某个电容器单元的熔断器熔断，造成了电容器组三相负载不平衡，从而产生不平衡电流，当不平衡电流值达到整定的定值时，会引起电容器组断路器保护动作，跳开电容器组断路器。当不平衡电流保护出口，逻辑接点导通、数模转换形成，回路中保护跳闸接点 TJ 闭合导通，接通电容器组断路器跳闸回路，断路器动作跳闸，如图 1-40 所示。

220kV WJ 变电站 10kV 14 号电容器组由于 B10 电容器单元的熔断器熔断，造成了三相负载不平衡，不平衡电流二次值为 4.72A，但由于

序号	登录时间▼	保护装置	事件名称	事项类型	发生时间	描述
1681	2020-09-15 11:21:25::235	10kV#14电容器保护RCS9631	整组启动	复归	2020-09-15 11:21:22::445	相对时间：2245，故障序号：190
1682	2020-09-15 11:21:21::271	10kV#14电容器保护RCS9631	整组启动	动作	2020-09-15 11:21:20::198	相对时间：0，故障序号：188
1683	2020-09-15 11:21:21::146	10kV#14电容器保护RCS9631	整组启动	复归	2020-09-15 11:21:19::488	相对时间：1831，故障序号：188
1684	2020-09-15 11:21:20::709	10kV#14电容器保护RCS9631	信号复归	分	2020-09-15 11:21:18::196	分
1685	2020-09-15 11:21:20::709	10kV#14电容器保护RCS9631	信号复归	合	2020-09-15 11:21:17::627	合
1686	2020-09-15 11:21:20::584	10kV#14电容器保护RCS9631	整组启动	动作	2020-09-15 11:21:17::653	相对时间：0，故障序号：186
1687	2020-09-15 11:21:18::177	10kV#14电容器保护RCS9631	整组启动	复归	2020-09-15 11:21:17::457	相对时间：1398，故障序号：186
1688	2020-09-15 11:21:17::084	10kV#14电容器保护RCS9631	信号复归	分	2020-09-15 11:21:16::675	分
1689	2020-09-15 11:21:16::974	10kV#14电容器保护RCS9631	整组启动	动作	2020-09-15 11:21:16::057	相对时间：0，故障序号：184
1690	2020-09-15 11:21:16::865	10kV#14电容器保护RCS9631	信号复归	合	2020-09-15 11:21:15::795	合
1691	2020-09-15 11:21:16::412	10kV#14电容器保护RCS9631	整组启动	复归	2020-09-15 11:21:15::803	相对时间：1446，故障序号：184
1692	2020-09-15 11:21:15::318	10kV#14电容器保护RCS9631	信号复归	分	2020-09-15 11:21:14::753	分
1693	2020-09-15 11:21:15::209	10kV#14电容器保护RCS9631	信号复归	合	2020-09-15 11:21:14::346	合
1694	2020-09-15 11:21:15::099	10kV#14电容器保护RCS9631	整组启动	动作	2020-09-15 11:21:14::354	相对时间：0，故障序号：182
1695	2020-09-15 11:21:14::771	10kV#14电容器保护RCS9631	整组启动	复归	2020-09-15 11:21:14::266	相对时间：1321，故障序号：182
1696	2020-09-15 11:21:14::662	10kV#14电容器保护RCS9631	整组启动	动作	2020-09-15 11:21:12::943	相对时间：0，故障序号：180
1697	2020-09-15 11:21:14::552	10kV#14电容器保护RCS9631	整组启动	复归	2020-09-15 11:21:12::864	相对时间：1208，故障序号：180
1698	2020-09-15 11:21:14::209	10kV#14电容器保护RCS9631	整组启动	动作	2020-09-15 11:21:11::653	相对时间：0，故障序号：178
1699	2020-09-15 11:21:14::099	10kV#14电容器保护RCS9631	整组启动	复归	2020-09-15 11:21:11::603	相对时间：2361，故障序号：178
1700	2020-09-15 11:21:10::052	10kV#14电容器保护RCS9631	整组启动	动作	2020-09-15 11:21:09::240	相对时间：0，故障序号：176
1701	2020-09-15 11:21:10::052	10kV#14电容器保护RCS9631	整组启动	复归	2020-09-15 11:21:09::207	相对时间：6440，故障序号：176
1702	2020-09-15 11:21:03::927	10kV#14电容器保护RCS9631	整组启动	动作	2020-09-15 11:21:02::763	相对时间：0，故障序号：174
1703	2020-09-15 11:21:03::584	10kV#14电容器保护RCS9631	整组启动	复归	2020-09-15 11:21:02::751	相对时间：8605，故障序号：174
1704	2020-09-15 11:20:54::709	10kV#14电容器保护RCS9631	整组启动	动作	2020-09-15 11:20:54::142	相对时间：0，故障序号：172
1705	2020-09-15 11:20:54::584	10kV#14电容器保护RCS9631	整组启动	复归	2020-09-15 11:20:53::992	相对时间：1228，故障序号：172
1706	2020-09-15 11:20:53::490	10kV#14电容器保护RCS9631	整组启动	动作	2020-09-15 11:20:52::761	相对时间：0，故障序号：170
1707	2020-09-15 11:20:53::380	10kV#14电容器保护RCS9631	整组启动	复归	2020-09-15 11:20:52::756	相对时间：1411，故障序号：170
1708	2020-09-15 11:20:52::834	10kV#14电容器保护RCS9631	整组启动	动作	2020-09-15 11:20:51::343	相对时间：0，故障序号：168
1709	2020-09-15 11:20:52::724	10kV#14电容器保护RCS9631	整组启动	复归	2020-09-15 11:20:51::234	相对时间：1623，故障序号：168
1710	2020-09-15 11:20:52::380	10kV#14电容器保护RCS9631	整组启动	动作	2020-09-15 11:20:49::608	相对时间：0，故障序号：166
1711	2020-09-15 11:20:52::271	10kV#14电容器保护RCS9631	整组启动	复归	2020-09-15 11:20:49::410	相对时间：2041，故障序号：166
1712	2020-09-15 11:20:47::677	10kV#14电容器保护RCS9631	整组启动	动作	2020-09-15 11:20:47::367	相对时间：0，故障序号：164
1713	2020-09-15 11:20:47::568	10kV#14电容器保护RCS9631	整组启动	复归	2020-09-15 11:20:46::858	相对时间：3848，故障序号：164

图 1-37　10kV 14 号电容器组后台机报文

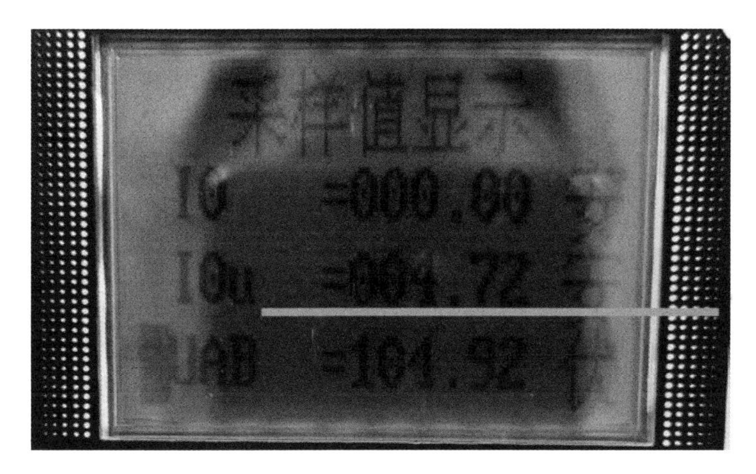

图 1-38　10kV 14 号电容器组保护装置报文

10kV 14 号电容器组保护定值单中的不平衡电流定值为 5A，也就是说不平衡电流大于 5A 才能启动跳闸元件，使电容器断路器动作跳闸，所以虽然 10kV 14 号电容器组 B10 电容器单元的熔断器熔断产生不平衡电流，但不平衡电流的值还未达到整定值，所以电容器组断路器没有跳闸。而不平衡电流二次值 4.72A 已达到装置告警的门槛值，由于电流在告警的临界值之间变化，所以装置会频发“10kV 14 号电容器组保护动作/复归”信号。

不平衡电流的计算为

图 1-39　10kV 14 号电容器组本体图

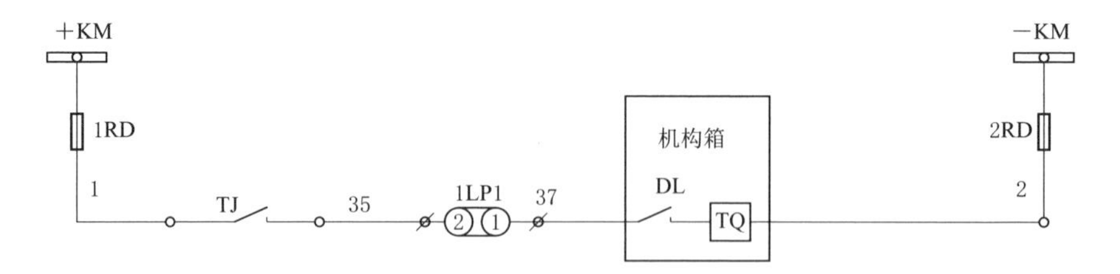

图 1-40　电容器组跳闸回路图

$$K=\frac{3MN(K_V-1)}{K_V(6N-5)} \tag{1-2}$$

$$\Delta I_1=\frac{1.5K}{3N(M-2K)+5K}I_{EX} \tag{1-3}$$

$$\Delta I_2=\frac{\Delta I_1}{n_1}\quad \Delta I_{DZ}=\frac{\Delta I_2}{K_{LM}} \tag{1-4}$$

式中 N——单元串联数；

n_1——电流互感器变比；

M——单元并联数；

K_{LM}——灵敏系数；

ΔI_1——不平衡电流值（一次）；

ΔI_2——不平衡电流值（二次）；

ΔI_{DZ}——保护动作跳闸整定值；

K——外熔断器熔断数；

I_{EX}——电容器组额定相电流；

K_V——单台允许过电压倍数。

取值：$I_n=52.6$，$N=1$，$n_1=30/5$，$M=10$，$K=1$，$K_{LM}=1.3$，$K_V=1.1$。

通过计算，10kV 14号电容器组保护整定推荐值见表1-2。

表1-2　10kV 14号电容器组保护整定推荐值

保护方式	一次值/A	二次值（保护动作跳闸整定值）/A	最大延时/s	单台允许过电压倍数	外熔断器熔断数
中性点不平衡电流保护	21	3.5	0.2	1.1	1
中性点不平衡电压保护	—	—	—	—	—

在电容器组熔断一条熔断器的情况下，保护动作跳闸二次值为3.5A，而定值单整定为5A，因而未达到保护动作跳闸的要求，所以220kV WJ变电站10kV 14号电容器组断路器没有及时跳闸。

3. 故障处理

（1）检查性试验。对10kV 14号电容器组不平衡电流偏大检查试验，试验结果正常，见表1-3。

表1-3　　10kV 14号电容器组不平衡电流偏大试验数值表

电容器		$C_{铭牌}/\mu F$	$C_{测}/\mu F$	偏差/%	绝缘电阻/MΩ
A相	A1	27.02	27.06	0.15	3000
	A2	26.94	27.00	0.22	3000
	A3	27.46	27.51	0.18	3000
	A4	27.27	27.30	0.11	3000
	A5	27.17	27.24	0.26	3000
	A6	27.25	27.23	0.07	3000
	A7	27.30	27.29	0.11	3000
	A8	26.98	27.15	0.03	3000
	A9	27.19	27.35	0.66	3000
	A10	27.12	27.31	0.70	3000
B相	B1	27.12	27.18	0.22	3000
	B2	27.12	27.18	0.22	3000
	B3	27.20	27.26	0.22	3000
	B4	27.03	27.19	0.59	3000
	B5	27.11	27.29	0.66	3000
	B6	27.11	27.28	0.63	3000
	B7	27.10	27.17	0.26	3000
	B8	27.03	27.05	0.07	3000
	B9	27.34	27.48	0.51	3000
	B10	27.25	27.45	0.70	3000
C相	C1	27.12	27.20	0.29	3000
	C2	27.35	27.43	0.29	3000
	C3	27.18	27.29	0.40	3000
	C4	27.16	27.25	0.33	3000
	C5	27.08	27.10	0.07	3000
	C6	27.13	27.34	0.77	3000
	C7	27.34	27.51	0.62	3000

续表

电容器		$C_{铭牌}$/μF	$C_{测}$/μF	偏差/%	绝缘电阻/MΩ
C相	C8	26.63	26.83	0.75	3000
	C9	27.29	27.45	0.70	3000
	C10	27.44	27.59	0.55	3000

（2）更换熔断器。将10kV 14号电容器组转检修后，更换了B10熔断器，测量电容器电容值，B10电容器实测值为27.16μF，铭牌值为27.09μF，无变值，之后将10kV 14号电容器组转热备用。

（3）更改定值单。将10kV 14号、15号、16号电容器保护定值按定值单执行，原来的不平衡电流整定值5A改为现在的3.5A，从而使不平衡电流满足跳闸条件，保护能可靠动作。原整定值清单见表1-4。新整定值清单见表1-5。

表1-4　　原整定值清单

变量	整定值	说　明
U_{0uzd}	20V	不平衡电压定值
I_{0uzd}	5/30A	不平衡电流定值
I_{0zd}	60A（一次值）	零序电流定值
U_{zqzd}	115V	电压自切定值
U_{ztzd}	100V	电压自投定值
T_1	0.2s	过流Ⅰ段时间
T_2	0.5s	过流Ⅱ段时间
T_3	100s	过流Ⅲ段时间
T_{gy}	10s	过电压时间
T_{dy}	1s	低电压时间
T_{0u}	100s	不平衡电压时间
T_{0I}	0.2s	不平衡电流时间

表1-5　　新整定值清单

变量	整定值	说　明
U_{0uzd}	20V	不平衡电压定值
I_{0uzd}	3.5A	不平衡电流定值（外熔丝，厂家建议一次值21A）
I_{0zd}	19A	零序电流定值

续表

变量	整定值	说　明
U_{zqzd}	115V	电压自切定值
U_{ztzd}	100V	电压自投定值
T_1	0.2s	过流Ⅰ段时间
T_2	0.5s	过流Ⅱ段时间
T_3	100s	过流Ⅲ段时间
T_{gy}	10s	过电压时间
T_{dy}	0.6s	低电压时间
T_{0u}	100s	不平衡电压时间
T_{0I}	0.2s	不平衡电流时间

4. 故障总结

根据上述分析，220kV WJ 站 10kV 14 号电容器组 B10 电容器单元的熔断器熔断，但不平衡电流值未达到保护定值所整定的动作值，所以 10kV 14 号电容器组断路器没有保护动作，而是继续运行，并发出“10kV 14 号电容器组保护动作/复归”信号，通过计算，发现 10kV 14 号电容器组 B10 电容器单元的熔断器熔断后不平衡电流值应为 3.5A，因此断定为定值整定过大而导致保护不动作，通过重新整定不平衡电流保护定值，将不平衡电流保护动作值调到 3.5A 后，电容器正常运行，且能正确动作。在日常工作中，电容器组的熔断器熔断是常见的故障，但多习惯性认为当电容器组的熔断器熔断时，不平衡电流一定会使保护动作、断路器跳闸。本次故障作为特殊案例告诉运行人员，在电容器组的熔断器熔断时，断路器不一定跳闸。在进行故障分析时，必须通过故障的现象和保护信息来分析、判断故障类别，使运行人员能在事故中快速、准确地完成故障处理，恢复供电。

1.3.3 案例三 35kV 某电容器过压保护跳闸分析

1. 故障简介

××年××月××日，500kV GC 站值班员对 2 号主变压器进行操作，当断开 2 号主变压器 220kV 侧 2202 断路器后，GC 站后台监控显示“35kV 2M 1 号电容器 321 断路器分”信号，光字牌“35kV 2M 1 号电容器保护跳闸”及“35kV 2M 1 号电容器启动事故音响”亮。检查保护装置显示，1 号电容器保护显示过电压保护动作，动作相为 BC 相，动作值 U_{bc}＝110.01V，且无保护过流越限记录。保护装置动作报文如图 1－41 所示。

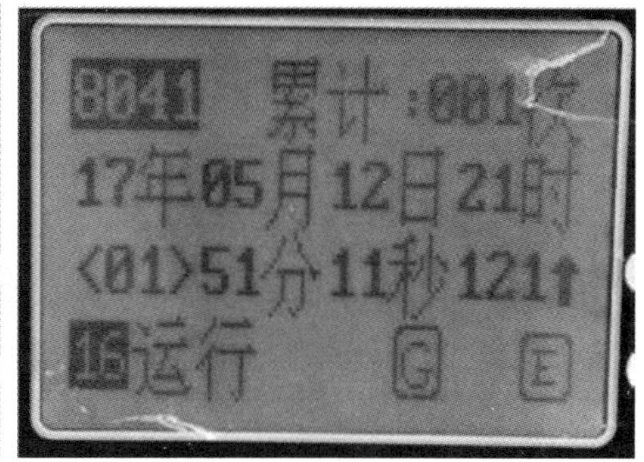

图 1－41 保护装置动作报文

根据判断，35kV 2M 1 号电容器为过电压保护动作，跳开 1 号电容器 321 断路器，动作相为 BC 相，动作值 U_{bc}＝110.01V。保护跳闸发生后，值班员检查 1 号电容器组外观无明显异常，测温数据正常。

2. 故障分析

（1）2 号主变压器的 220kV 侧 2202 断路器断开后，2 号主变压器的高压侧充电运行，不带负荷。35kV 2M 母线电压曲线如图 1－42 所示，图中可以看出在 1 号电容器跳闸前，35kV 2M 母线电压达到 38.5kV 以上，超过保护动作值（二次值 110V），故 1 号电容器保护过压动作，保护动作正确。1 号电容器跳闸后，35kV 2M 母线电压降至 38.5kV 以下。经分析判断，虽然 3 号电容器整定值与 1 号电容器整定值一样（1～3 号电容器整定值清单见表 1－6），但因为 35kV 2M 母线系统二次电压刚好超过 110V，由于采样精度原因，1 号电容器过压保护比 3 号电容器保护装置先启动，母线电压降低后，3 号电容器过压保护返回，因此 3 号电容器保护未动作。

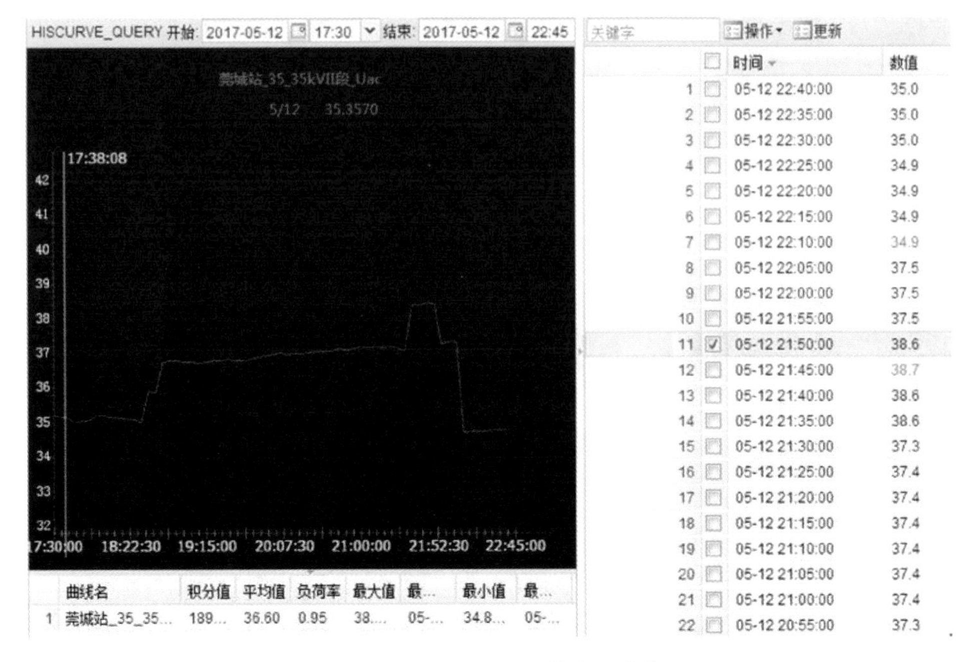

图 1-42 35kV 2M 母线电压曲线

表 1-6 1～3 号电容器整定值清单

名 称	1 号电容器	2 号电容器	3 号电容器
过电压保护整定值/V	110	120	110
过电压保护时限/s	60	10	60

（2）AVC 系统与保护配合问题。由于中调下发的母线上下限计划曲线不含 35kV 要求，因此 AVC 系统只判断 500kV、220kV 电压达到上下限动作值（中调 500kV、220kV 电压要求电压上限分别为 535kV 和 236kV）时才切除电容器。根据 500kV、220kV 母线电压曲线判断，事故当天该时段最大母线电压分别为 534.7kV、233.3kV，均未达到 AVC 系统动作值，故 AVC 系统不会自动切除电容器。但 35kV 母线电压已达到电容器过压保护定值，所以由 1 号电容器 321 断路器过压保护跳闸，切除 1 号电容器。

3. 故障处理

故障发生后，经检查设备外观无异常，检查保护装置及后台机报文，故障录波装置相关数据及波形图。通过分析，判断 500kV GC 站 35kV 2M

1 号电容器过电压保护动作是正确的，最后上报调度相关情况，告知 35kV 2M 1 号电容器动作正确，一次、二次设备正常，可以投入运行。但经过分析，由于同一段母线上电容器定值整定不一致。1 号、3 号电容器过压整定值为 110V，而该段 2 号电容器过压整定值为 121V，需要重新考虑电容器定值的合理性，于是将 500kV GC 站 35kV 1M、2M、3M、4M 母线上的 1 号、2 号、3 号电容器组的过电压保护整定值均调整为 120V。而 AVC 系统与电容器保护整定值配合不当的问题，经过进一步考虑，确定以后的操作在断开主变中压侧断路器前必须先确认断开 35kV 母线上的电容器组。

4. 故障总结

根据上述分析，500kV GC 站 35kV 2M 1 号电容器过电压保护动作，是由于断开主变压器的中压侧断路器时，主变压器的高压侧充电运行，不带负荷，导致 35kV 母线电压瞬间升高，但由于 AVC 没有及时断开电容器，导致电容器自身的过电压保护动作，跳开了电容器的断路器。本次故障通过特殊案例告诉运行人员，当电容器保护整定值与 AVC 时间不匹配时，可能会造成电容器跳闸的事件。因此，必须总结经验，遇到电压偏高的情况，必须自行断开电容器的断路器，避免发生同类型的事故事件。

1.3.4 案例四 10kV 某电容器组不平衡电压保护跳闸分析

1. 故障简介

××年××月××日，110kV NC 站 10kV 6 号电容器组 537 断路器保护动作，值班员到站检查后，发现 537 断路器保护装置显示不平衡电压保护动作，不平衡电压二次值为 7.3V，537 断路器保护装置报文如图 1-43 所示。检查 10kV 6 号电容器组本体（集合式电容器），外观未发现异常，如图 1-44 所示。查看 10kV 6 号电容器组保护整定值清单，见表 1-7。由于不平衡电压保护定值为 5V，因此不平衡电压超过了动作值，跳开 10kV 6 号电容器组 537 断路器，由此可判断该保护动作正确。

图 1-43　537断路器保护装置报文

表 1-7　　　　10kV 6号电容器组保护定值单

序号	整定值	说　　明
1	6.9/828A	过流Ⅰ段保护电流定值
2	0.2s	过流Ⅰ段保护时限定值
3	2.1/252A	过流Ⅱ段保护电流定值
4	0.5s	过流Ⅱ段保护时限定值
5	4/60A	零序过流Ⅰ段保护电流定值
6	0.7s	零序过流Ⅰ段保护时限定值
7	40V	低压保护电压定值
8	0.6s	低压保护时限定值
9	投入	低压保护电流闭锁投入
10	0.2A	低压保护电流闭锁电流定值

续表

序号	整定值	说　明
11	120V	过压保护电压定值
12	10s	过压保护时限定值
13	5V	不平衡电压保护电压定值
14	0.2s	不平衡电压保护时限定值

图 1-44　10kV 6 号电容器组外观

2. 故障分析

110kV NC 变电站 10kV 6 号电容器组为××电力电容器厂生产，型号为 BFF11/$\sqrt{3}$-3000-3W，是集合式电容器，该电容器组投运至今已超过

20年，保护跳闸后，试验所通过对集合式电容器诊断试验，发现10kV 6号电容器组A相电容器电容测试值为76.26μF，与历史数据比较后发现电容值偏差超标，A相电容的相间与极对壳之间的绝缘电阻仅为700MΩ，不符合《电力设备检修试验规程》（Q/CSG 1206007—2017）要求，不能投入运行。10kV 6号电容器组试验数据见表1-8。

表1-8　　10kV 6号电容器组试验数据表

设备名称	$C_{铭牌}$ /μF	2009年 $C_{测}$/μF	2016年 $C_{测}$/μF	$C_{测}$ /μF	与2009年偏差/%	与2016年偏差/%	相间和极对壳绝缘电阻/MΩ
10kV 6号电容器A相	不详	82.1	81.32	76.26	−7.1	−6.2	700
10kV 6号电容器B相	不详	82.4	81.20	81.8	−0.73	0.07	2200
10kV 6号电容器C相	不详	82.2	81.35	80.4	−3.36	−1.16	1400

从试验数据分析，本次故障是由于10kV 6号电容器组相间与极对壳之间的绝缘电阻下降，导致三相电压不平衡，从而引发电容器组不平衡电压保护动作跳闸。其根本原因是电容器组运行年份长，内部绝缘老化，因而导致绝缘电阻下降。

3. 故障处理

运行人员确认110kV NC站10kV 6号电容器组不平衡电压保护动作后，将10kV 6号电容器组转检修状态，并对电容器进行试验，经试验后得出结论，需要更换电容器。

4. 故障总结

本次故障是由于110kV NC站10kV 6号电容器组运行年份过长，内部绝缘老化，使相间和极对壳之间的绝缘电阻不平衡，导致三相电压不平衡，从而引发电容器组不平衡电压保护动作跳闸。对于该类型集合式的电容器组，由于没有外熔丝，所以不存在外熔丝熔断的故障，所以保护整定值也未考虑不平衡电流保护，只整定了不平衡电压保护。通过本次事件，运行人员应该要正确区分不平衡电流和不平衡电压动作的原因，如果不平衡电压动作，即使表面上没有异常，也不要轻易将电容器组送电，必须将电容器组停电进行试验，根据试验结论再进行分析处理。

第2章　并联电抗器设备详解与典型故障案例分析

2.1　并联电抗器的组成及各元件的作用

2.1.1　并联电抗器的组成

1. 概述

并联电抗器（BKK）是并联在500kV变电站或220kV变电站低压绕组侧上的电抗器，主要用于长线路低负荷输电线路的电容性无功补偿，从而降低系统电压，确保变压器和线路可靠运行。根据《35kV～220kV变电站无功补偿装置设计技术规定》（DL/T 5242—2010）和《330kV～750kV变电站无功补偿装置设计技术规定》（DL/T 5014—2010）技术要求，变电站内装设的并联电容器组合并联电抗器组的补偿容量，不宜超过主变压器容量的30%。

根据电抗器设计和装置结构的不同，电抗器可分为单相或三相、干式或油浸式、空心式或带间隙的铁芯式、带磁屏蔽或不带磁屏蔽、户内装置或户外装置、电抗固定不变或可变的、带有附加的负载绕组等。其中，干式空心并联电抗器与传统的油浸式电抗器相比，具有重量轻、线性度好、机械强度高、噪声低、损耗小等优点。根据电抗器的磁化特性，电抗器又可分为三类：①带铁芯的电抗器，称为铁芯电抗器；②不带铁芯的电抗器，称为空心电抗器；③除交流工作绕组外还有直流控制绕组的电抗器，称为饱和电抗器与自饱和电抗器。并联电抗器磁化特性如图2-1所示。

根据电气操作导则，在额定电压下电抗器所吸收的无功功率可以是固

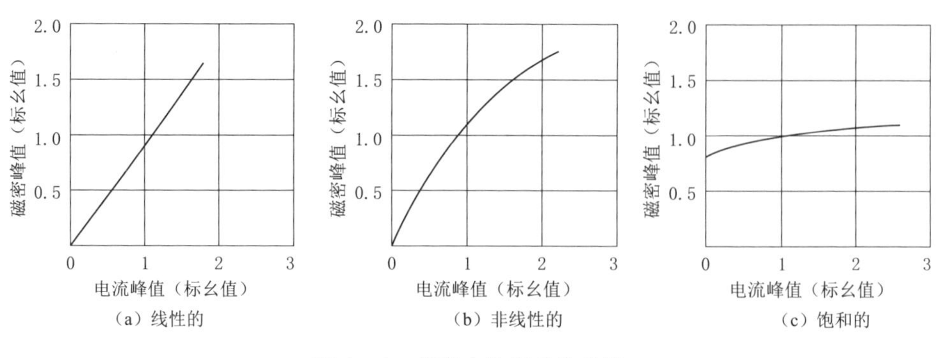

图 2-1　并联电抗器磁化特性

定不变的，也可以用附加装置使无功功率变化。例如：①用相控型晶闸管（静补也在其内）或依靠铁芯直流磁化；②无励磁分接开关或有载分接开关改变绕组分接。

2. 并联电抗器组成元器件及连接图

空心电抗器没有铁芯，只有线圈，磁路为非导磁体，因而磁阻很大，电感值很小且为常数。空心电抗器的结构型式多种多样，用混凝土将绕好的电抗线圈浇装成一个牢固的整体的被称为水泥电抗器，用绝缘压板和螺杆将绕好的线圈拉紧的称为夹持式空心电抗器，将线圈用玻璃丝包绕成牢固整体的称为绕包式空心电抗器。

空心并联电抗器的线圈由大量小截面铝导线并联绕制而成，用聚酯薄膜作为铝导线的匝间绝缘进行封装；用环氧树脂浸渍好的玻璃纤维材料对线圈外部进行包封，电抗器由数个线圈包封组成；包封与包封之间采用聚酯玻璃纤维引拔棒支撑作为电抗器内部的散热气道，线圈的上、下端与铝合金材料制成的星型支架焊接，星型架接线板起到压紧线圈和导电的作用，同时还作为进、出线导电母排。空心并联电抗器绕制完毕后，加热固化成型，经表面喷砂处理，喷覆一层特殊的抗紫外线辐射、抗老化的绝缘漆，最后喷涂 PRTV 胶（憎水性涂料），起到防止干式空心并联电抗器表面出现树枝状放电的作用。干式空心并联电抗器结构如图 2-2 所示。

油浸电抗器主要由铁芯、绕组及绝缘、油箱、套管、冷却装置和保护装置等组成，使用油纸配合绝缘，绝缘方式的稳定性高，采用铁芯作为导磁介质，磁场集中。铁芯为电抗器的基本组成部件，主要有两个作用：

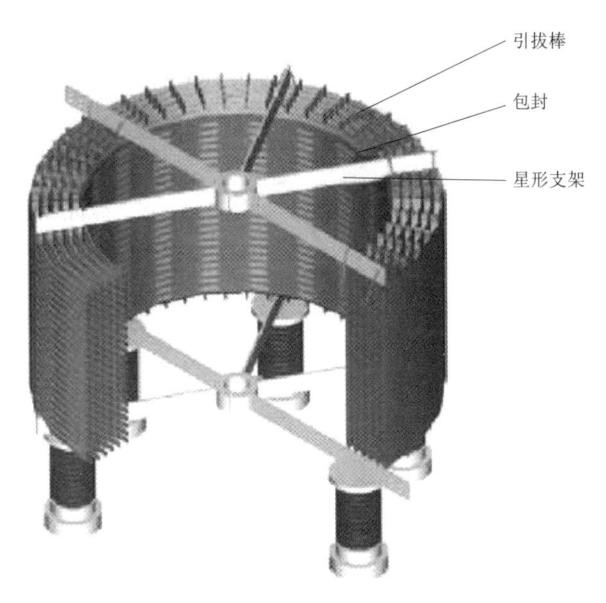

图 2-2　干式空心并联电抗器结构图

①铁芯的磁导体作为电抗器的磁路，在铁芯磁化过程中产生铁芯损耗，分为磁滞损耗和涡流损耗两部分；②铁芯的夹紧装置具有机械方面的功能，使得磁导体成为一个完整的结构，同时套装线圈、固定器身、支持引线。油浸铁芯电抗器结构如图 2-3 所示。

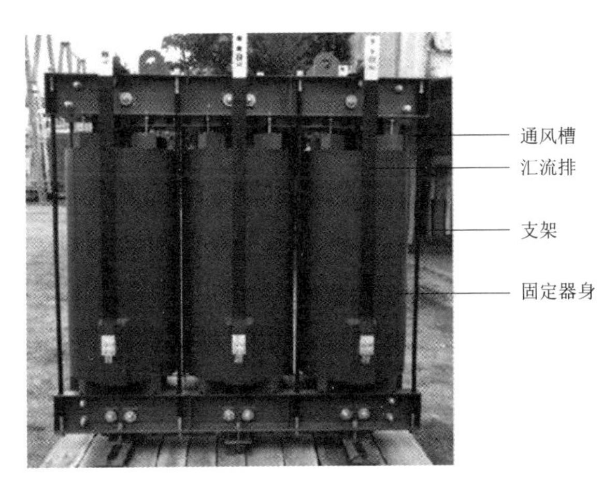

图 2-3　油浸铁芯电抗器结构图

铁芯电抗器的结构主要由铁芯和铁圈组成。由于铁磁介质的导磁率极高，而且它的磁化曲线是非线性的，所以用在铁芯电抗器中的铁芯必须带有气隙。带气隙的铁芯，其磁阻主要取决于气隙的尺寸。由于气隙的磁化特性基本上是线性的，所以铁芯电抗器的电感值将不取决于外在电压或电流，而仅取决于自身线圈匝数以及线圈和铁芯气隙的尺寸。对于相同的线圈，铁芯电抗器的电抗值比空心式的大。当磁密较高时，铁芯会饱和，而导致铁芯电抗器的电抗值变小。

2.1.2 并联电抗器组及其配套设备的配置原则

DL/T 5242—2010 对并联电抗器及其配套设备的接线方式的规定如下：

（1）并联电抗器回路应装设断路器。

（2）用于保护电抗器的过电压保护装置应装设在断路器的并联电抗器侧。

（3）并联电抗器宜采用星型接线方式。

DL/T 5014—2010 对并联电抗器的接线方式的规定如下：

（1）高压并联电抗器回路一般不装设断路器，但遇到以下情况可设置断路器：①两回路共用一组并联电抗器时；②并联电抗器退出运行，过电压水平在运行范围内，并为调相调压需投切并联电抗器的情况；③当系统其他方面有特殊要求时。

（2）高压并联电抗器应带有套管型电流互感器。

（3）保护高压并联电抗器的避雷器应尽量靠近电抗器装设。是否与线路共用一组避雷器应根据雷电过电压计算确定。

（4）330kV、500kV、750kV 并联电抗器的中性点经小电抗接地时，电抗器中性点侧宜装设相应电压等级的避雷器。

以 500kV 变电站 35kV 低压侧并联干式电抗器为例，其常见一次接线图如图 2－4 所示。一次设备包括断路器、隔离开关、电流互感器、避雷器、电抗器、支柱绝缘子、钢芯铝绞线、设备线夹、铝导线、接地引下线、铜板等。35kV 低压侧并联电抗器间隔断面图如图 2－5 所示。

并联电抗器配套设备具有以下作用：

（1）断路器用于在正常情况下投入或切除电抗器，在故障情况下与保护装置和自动装置相配合，迅速切断故障电流，防止事故扩大的作用。

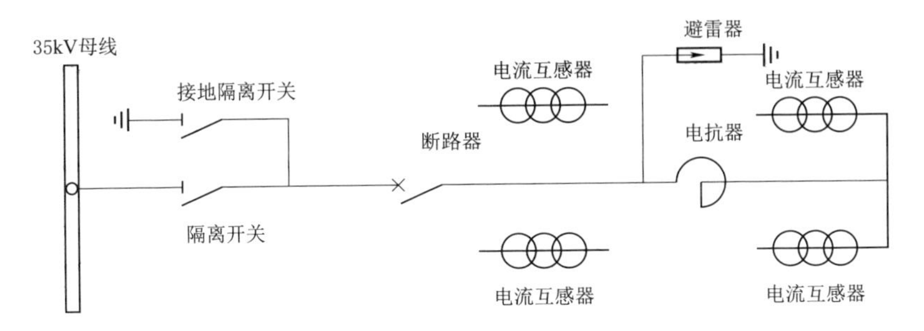

图 2-4　35kV 并联干式电抗器一次接线图

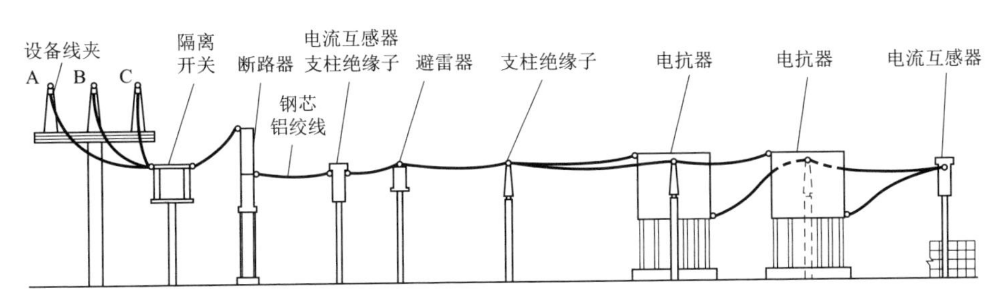

图 2-5　35kV 低压侧并联电抗器间隔断面图

（2）隔离开关用于隔离电源，不设有专门的灭弧装置，不具备切断负荷电流和短路电流的功能，在断路器断开的情况下才可进行操作。

（3）接地隔离开关在电气设备进行检修时进行接地，保障现场工作人员的人身安全；避雷器的作用为免受雷电过电压、操作过电压、工频暂态过电压冲击。

（4）电流互感器将大电流转换为一定比例的小电流，供给测量和继电保护装置使用。

2.2　电抗器二次保护回路的基本原理

35kV 和 10kV 并联电抗器保护主要由过流Ⅰ段保护、过流Ⅱ段保护、过负荷保护构成（过流Ⅰ段和过流Ⅱ段可能只选配一项）。并联电抗器中性点不接地，只有 A 相和 C 相装设 TA，B 相的电流由 A 相和 C 相计算求得。早期的部分 35kV 并联电抗器在电抗器两侧均装设 TA，二次配有差动保护，35kV 并联电抗器一次接线图如图 2-6 所示。按照新的设计要求，对电抗器的保护予以简化，新建35kV和10kV并联电抗器只在开关侧装设两相TA，并配置过流和过负荷保护，旧有的35kV并联电抗器差动保护也予以拆除。

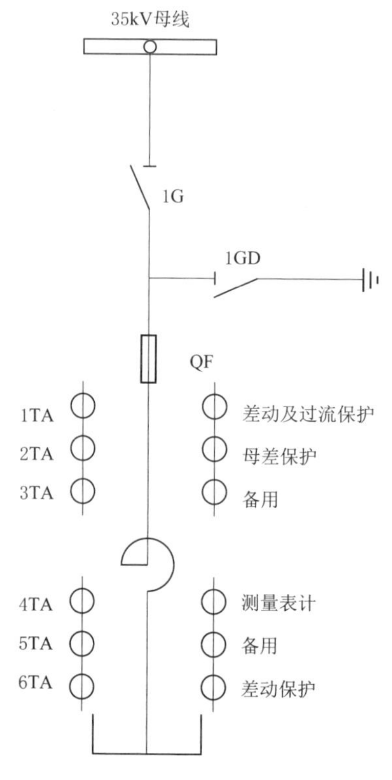

图2-6　35kV并联电抗器一次接线图

1. 过电流保护的作用

过流保护反映相电流的增大，作用于电抗器匝间短路、接地短路和相间短路。

2. 保护定值及硬压板

电抗器保护只配置一块跳闸出口压板。根据相关整定方案要求，过流Ⅰ段保护按照躲开电抗器投入时的励磁涌流整定，一般取$5I_e$（I_e为电抗器额定电流，下同），零时限作用于跳闸。为了提高灵敏度，也可以适当增加复压闭锁。

过流Ⅱ段保护按照躲开电抗器正常运行的额定电流整定，一般取 $2I_e$，延时 0.5s 作用于跳闸。

过负荷保护一般取 $1.05/0.95\times I_e$，延时 5s 发告警信号。

因电抗器启动时有较大的涌流，因而过流保护也可能分高低两个定值，启动时短时采用高定值，启动后采用低定值。

3. 电流电压回路

某 500kV 站 35kV 并联电抗器保护电流回路图如图 2－7 所示。因母线差动保护现已拆除，现已在 TA 二次侧短接 6TA 线圈，只保留 1TAa 的接线。35kV 并联电抗器保护电压回路图如图 2－8 所示，电压取自 35kV TV 接口屏的电压小母线，保护装置只采样，不用电压值作逻辑判断。

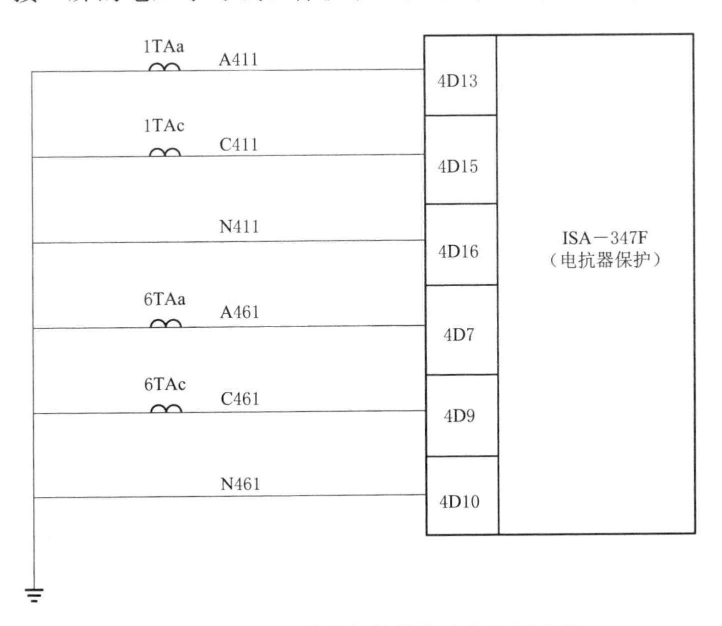

图 2－7　35kV 并联电抗器保护电流回路图

4. 逻辑回路

某 500kV 站 35kV 并联电抗器保护动作逻辑图如图 2－9 所示，该站只设置一个限时电流速断保护。为有效躲过启动电流，其过流保护定值在启动过程中自动抬高 1 倍，启动过程结束，过流保护定值恢复（因本保护装置也可用于电动机保护，因为厂家自己的图纸上体现为“电动机启动”）。

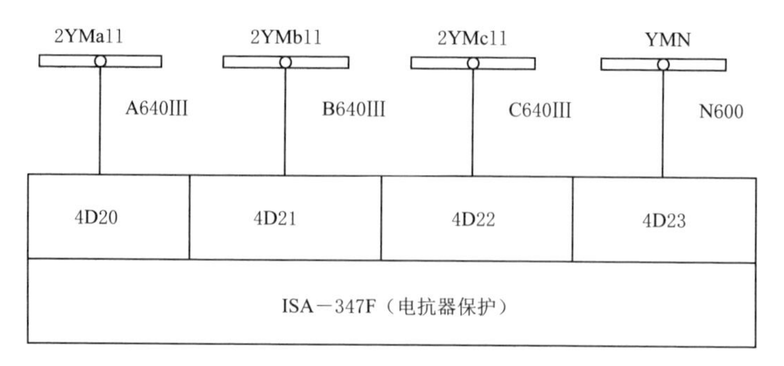

图 2－8　35kV 并联电抗器保护电压回路图

图 2－9 中，启动时间定值 d470、过流定值 d000、过流时间定值 d001、过流保护控制字 d010、过负荷保护告警时间定值 d061、过负荷保护告警控制字 d059 可根据整定方案进行整定。

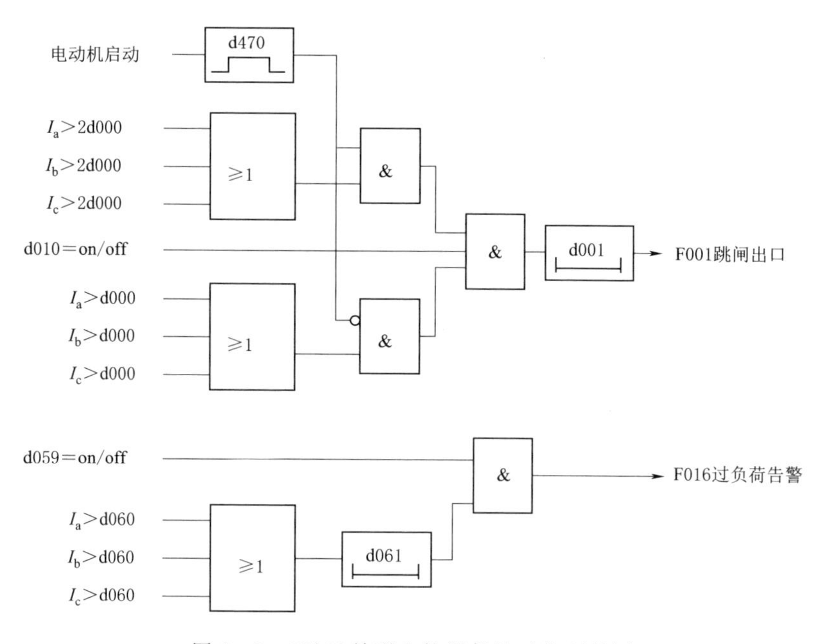

图 2－9　35kV 并联电抗器保护动作逻辑图

5. 跳闸回路

电抗器跳闸回路图如图 2－10 所示。当过电流保护出口，逻辑接点导通、数模转换形成，回路中保护跳闸接点 TJ 闭合导通，接通电抗器组断路器跳闸回路，跳闸线圈 TQ 得电，断路器动作跳闸。

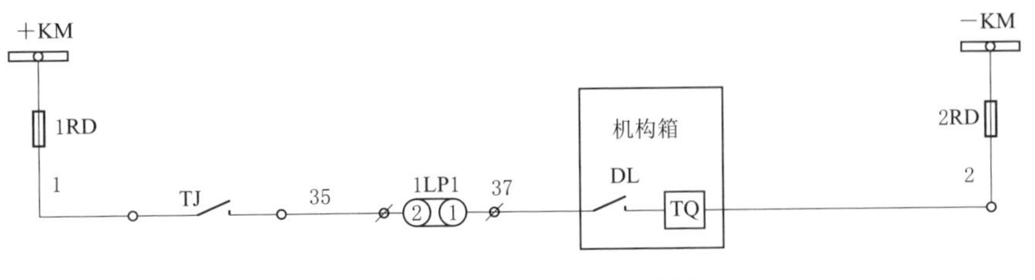

图 2-10　电抗器跳闸回路图

2.3　电抗器组故障实例分析

2.3.1　案例一 35kV 并联电抗器烧毁的故障分析

1. 故障简介

某站 35kV 1 号电抗器组 312 断路器跳闸，保护信息显示电抗器组瞬时电流速断保护动作出口，现场检查电抗器本体冒烟着火。运行人员与调度汇报现场情况，经调度同意后将 35kV 1 号电抗器组由热备用转冷备用。消防人员到达现场后，运行人员对消防人员进行安全交底并引导进场开展灭火工作，1 小时后明火扑灭。

2. 故障分析

设备检查情况：电抗器组转检修后，现场人员对设备进行一次部分检查，发现电抗器组 B 相烧损严重，防雨罩已烧毁，最外层包封脱落至地面，导线接线板已烧断，底部风道内、星形架、支柱绝缘子明显可见铝线烧熔后的金属液聚集，在电抗器正下方的地面上可见铝线烧熔后滴落的金属液和燃烧残余物，部分支持绝缘子已完全断裂，电抗器故障烧毁现场图如图 2-11 所示。检查其余两相电抗器，发现 A 相电抗器也有局部烧伤熏黑的痕迹。

设备运维情况：该设备巡维周期为日常巡视每日一次，夜巡一周一次，测温每月一次。最近一次测温后的电抗器红外测温图谱如图 2-12 所示，均未发现异常。

图 2-11 电抗器故障烧毁现场图

设备检修情况：该电抗器组五年前曾停电检查外观及喷涂 PRTV 材料，未发现其他异常情况。

设备试验情况：高压试验专业按照《电力设备检修试验规程》（QCSG 1206007—2017）和相关专项工作要求，开展该站 35kV 1 号电抗器组试验，最近一次的试验结果表见表 2-1。

表 2-1　　试验结果表

相别	出厂数据		实测值（换算至75℃时）/mΩ	偏差/%
	温度/℃	出厂值/mΩ		
A	75	62.61	63.09	0.77
B	75	62.62	62.63	0.02
C	75	63.72	63.43	−0.46

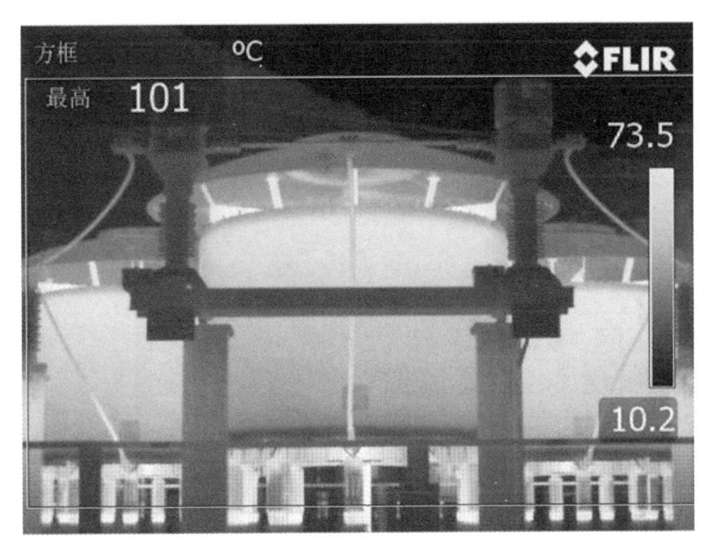

图 2-12 电抗器红外测温图谱

35kV 1 号电抗器绕组直流电阻试验数据满足电力设备检修试验规程要求，试验合格。

相关故障保护录波图如图 2-13、图 2-14 所示。

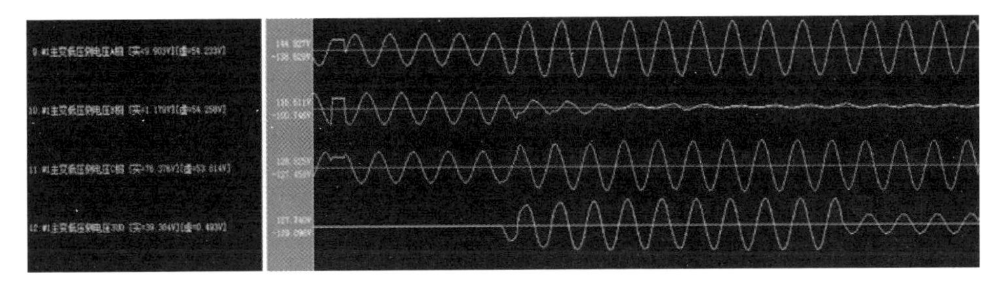

图 2-13 主变压器故障保护录波图（故障初期）

保护动作过程如下：故障初期 35kV 1 号电抗器组 B 相电压降低，A、C 相电压升高，并且出现了零序电流，B 相首先发生了接地故障，并且 C 相电流达到过负荷告警定值，过负荷告警动作，动作电流二次值为 0.6A（过负荷动作定值为 0.4A），期间故障电流并未达到保护动作定值，保护正确不动作，如图 2-13 所示。从设备发生异常起，约 130s 后发展为 A、B 相相间接地故障，保护 A 相二次电流达 6.0A 动作电流达到定值保护启动，7ms 后保护正确动作出口跳 312 断路器，隔离故障，如图 2-14 所示。整个故障过程时序图如图 2-15 所示。

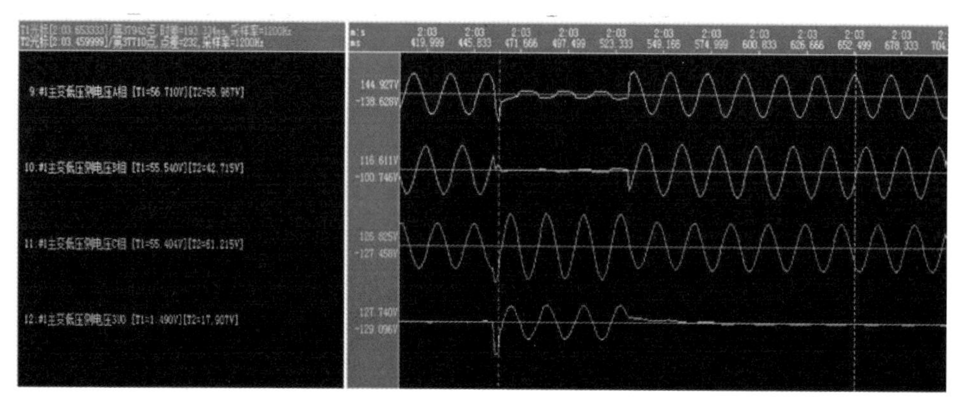

图 2－14　主变压器故障保护录波图（故障后期）

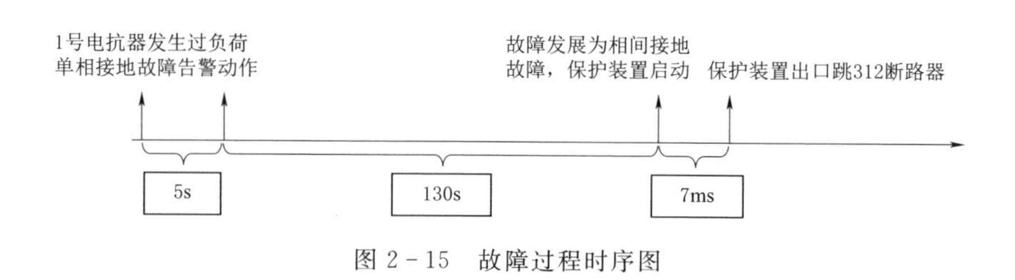

图 2－15　故障过程时序图

原因分析：该站电抗器线圈由铝导线并联绕制而成，导线使用聚酯膜作为绝缘材质，绕制成一层圆桶形导线层，每个包封由 2～5 个导线层组成，其匝间和层间均依靠聚酯膜作为绝缘体，每个包封外部采用环氧树脂浸渍好的玻璃纤维包裹和固形。早期产品及选材运行一定年限后，外包封环氧树脂及其玻璃纤维局部细微裂纹会使内部导线的聚酯膜水解，降低匝间及层间绝缘强度，引起着火。

根据现场查看情况初步分析整个事件发生的过程如下：最初的故障发生在绕组包封内，包封层表面存在细小裂纹，导致潮气或雨水进入导线层与树脂层之间，形成局部受潮点，由于该设备为户外设备，运行过程中雨水和污秽物不断积累加上电腐蚀，使得局部受潮点沿轴向不断延长，形成一条污湿通道，加上绝缘层在长时间的相对高温下老化，在投运不久后电抗器包封层内表面无法承受运行电压作用，导致匝间短路，匝间短路环在大电流作用下瞬间烧熔，引起绝缘起火，并迅速发展和破坏相邻匝间甚至层间绝缘，使起火燃烧扩大化，导线短时烧熔产生的金属蒸汽沿绝缘层薄弱处喷出，电弧产生瞬间高温伤及外绝缘包封材料并产生碳化物飞尘，在狭窄的通风道引燃的瞬间使内部压力迅速上升，产生的高温碳化物烟尘由通风道向上下两侧喷射。

3. 故障处理

故障原因调查完毕后，拆除故障电抗器，更换新的电抗器，对其进行耐压试验，合格后投入运行。

4. 故障总结

早期电抗器采用单丝导线及聚酯膜制作工艺，运行一定年限后存在绝缘下降隐患，现有试验手段无法及时发现绝缘隐患，单纯采用现场表面喷涂PRTV方式虽能够提升电抗器外部绝缘但无法改善内部匝间及层间的绝缘情况。所以，对于运行年限已久的户外电抗器，应定期评估其运行工况，对比分析现场全包封喷涂及工厂化回炉浸泡修复的方式的有效性，并可根据实际情况安排返厂大修。在消防应急方面，可考虑优化并联电抗器消防设施配置，对运行年限较长的并联电抗器增加固定消防管道，提高灭火效率。

2.3.2 案例二 10kV并联电抗器组断路器在分闸过程中，断路器发生重燃的故障分析

1. 故障简介

220kV某变电站10kV 2号电抗器529断路器在分闸过程中，保护装置报“电流速断动作”，故障相“ABC”，故障电流：$I_a=10.09$A（二次值，TA变比600：1），在10kV设备区内检查发现，529断路器室内有浓烟冒出，电缆头有烧焦痕迹。经分析，故障原因为切除2号电抗器时，在电抗器两端产生较高幅值过电压，超出设备绝缘水平，且避雷器未起到防护作用，导致断路器发生重燃。变电站10kV侧主接线运行方式如图2-16所示。

2. 故障分析

真空断路器切除电抗器操作过电压主要有截流过电压、复燃过电压和

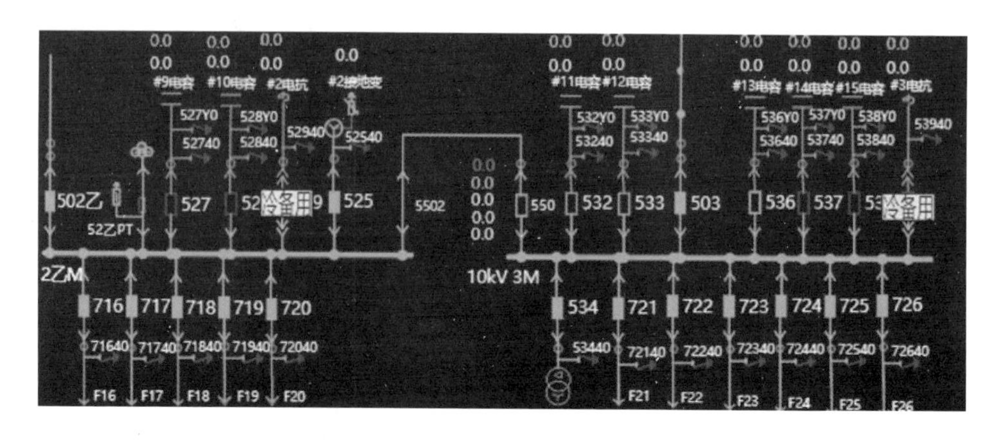

图 2-16　变电站 10kV 侧主接线运行方式

重燃过电压等。因真空断路器的灭弧能力强，会使得电流强迫过零而产生截流，引起剧烈的电磁振荡，截流值越高，截流过电压越高；断路器在开断时，如果被开断的负荷侧暂态恢复电压及上升率高于断口绝缘强度的恢复能力和恢复速度，电弧就会在瞬间将断口击穿，产生复燃，并在复燃相上产生复燃过电压；一般情况下真空断路器的重燃是由灭弧室制造时没有进行老炼造成的，在真空灭弧室采取老炼措施后，真空断路器的重燃概率很低。

多次重燃过电压是造成真空断路器开断电抗器过电压事故的主要原因。一般开断瞬间触头间隙距离较短，绝缘恢复强度较小，极易发生电弧重燃，产生重燃过电压，多次电弧重燃会造成电压升高。此外，在首开相发生重燃时，间隙中流过的高频电流叠加到其他两相的工频电流上，随着首开相的电压升高，另外两相的高频电流也不断增大，使其他两相的电流强制过零，三相均发生等效截流，并过渡为多次重燃过程，出现三相同时截流过电压。

研究表明：①截流效应是真空断路器投切时不可避免的，但截流值一般可以得到有效限制；②复燃现象与真空断路器的触头材质、操作机构等有关，一般具有很大的随机性；③三相同时开断过电压会引起较高的截流与电弧重复燃烧，在非首开相引起较高幅值的过电压，是引起较高过电压幅值的主要原因。

3. 故障处理

将 220kV 某变电站所有 10kV 电抗器转至检修状态，待并联电抗器间隔加装避雷器后对 10kV 断路器的感性电流进行开合试验，试验合格才能将电抗器投入运行。

4. 故障总结

常规的氧化锌避雷器只能限制过电压幅值，不能改变频率和陡度，且现有避雷器均为相对地的避雷器，无法有效抑制相间过电压。因此，电抗器两端加装阻容吸收装置可降低过电压幅值和陡度，能较好抑制真空断路器投切电抗器产生的过电压。

第3章　STATCOM设备详解与典型故障案例分析

3.1　STATCOM的组成及各元件的作用

3.1.1　STATCOM概述

静止同步补偿器（Static Synchronous Compensator，STATCOM）作为当今无功补偿领域最新技术的代表，是柔性交流输电系统（Flexible AC Transmission System，FACTS）的重要组成部分。STATCOM并联于交流系统中，其无功电流可以快速地跟随负荷无功电流的变化而变化，对电网无功功率实现动态无功补偿。STATCOM装置由于具有响应速度快（小于10ms）、占地面积小、谐波特性好以及损耗小等特点受到了普遍重视，目前STATCOM装置正在逐步取代SVC装置，广泛应用在风电场、输电网和电气化铁路等多个重要领域。

1. STATCOM在电网的作用

STATCOM应用在负荷中心。利用动态无功补偿设备快速响应的特点，可有效地改善系统的电压稳定性，提高电网适应各种运行方式的能力，提高电网动态无功储备，提高受电能力，增强抵御电网大事故的能力，提高电网安全稳定性。

STATCOM应用在电网传输通道上，可以在系统受到某种大的干扰时自动保持端点电压，从而改善系统运行稳定性。在系统间的联络线上，STATCOM可向系统提供正阻尼，有利于抑制系统振荡。在传输通道上应用动态无功补偿设备可提高高压远距离极限输送容量。

STATCOM 应用在风力发电。风力发电的波动性和间歇性导致了风电场并网的电能质量以及稳定性问题。STATCOM 可以有效抑制电压波动，提高电能质量；同时加快故障消除后的电压恢复，提高稳定性。

STATCOM 应用在电气化铁路。牵引机车是电气化铁路的主要负荷，属于冲击性负荷，具有启动过程快，从零功率到额定功率的变化时间极短，且频繁吸收大量动态无功功率等特点，并且多为单相负载，从而引起母线电压快速波动和不平衡。STATCOM 通过快速的不对称补偿可以有效减小电压波动和不平衡，提高电能质量。

STATCOM 抑制闪变。SVC 对电压闪变的抑制最大可达 2 : 1，STATCOM 对电压闪变的抑制可以达到 5 : 1，甚至更高。SVC 受到响应速度的限制，其抑制电压闪变的能力不会随补偿容量的增加而增加。而 STATCOM 由于响应速度极快，增大装置容量可以继续提高抑制电压闪变的能力。

2. STATCOM 的工作原理

STATCOM 的基本原理就是将自换相桥式电路通过电抗器或者直接并联在电网上的调节桥式电路交流侧输出电压的相位和幅值，或者直接控制其交流侧电流，使该电路吸收或者发出满足要求的无功电流，实现动态无功补偿。通常，STATCOM 主要是指采用电压型桥式电路的装置，工作时通过电力半导体开关的通断将直流侧电压转换成与交流侧电网同频率的输出电压，类似一个电压型变流器，只不过其交流侧输出端接的不是无源负载，而是电网。因此，当仅考虑基波频率时，STATCOM 可以等效地被视为幅值和相位均可以控制的一个与电网同频率的交流电压源。它通过交流电抗器连接到电网上，无功的性质和大小靠调节电流来实现。

设电网电压和 STATCOM 输出的交流电压分别用相量 $\dot{U}_S$ 和 $\dot{U}_I$ 表示，则连接电抗 X 上的电压 $\dot{U}_L$ 即为 $\dot{U}_S$ 和 $\dot{U}_I$ 的相量差，而连接电抗的电流可以由其电压来控制。这个电流就是 STATCOM 从电网吸收的电流 $\dot{I}$。如果未计及连接电抗器和变流器的损耗，STATCOM 的工作原理可以用图 3-1 所示的单相等效电路图来说明。在这种情况下，只需使 $\dot{U}_I$ 与 $\dot{U}_S$ 同相，仅改变 $\dot{U}_I$ 幅值大小即可以控制 STATCOM 从电网吸收的电流是超前还是滞后 90°，并且能控制该电流的大小。

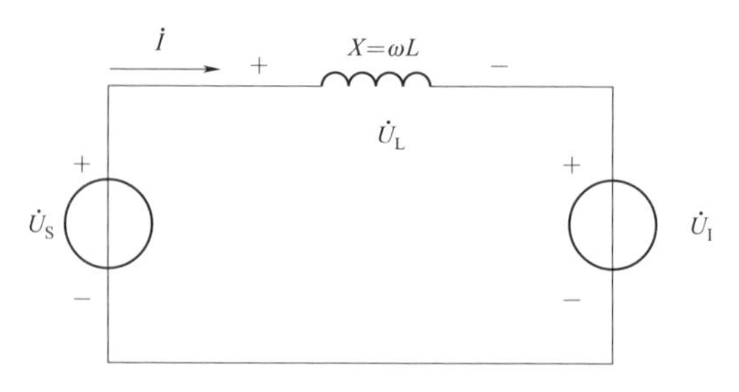

图 3-1　STATCOM 单相等效电路（未计及损耗）

计及连接电抗器的损耗和变流器本身的损耗（如管压降、线路电阻等），并将总的损耗集中作为连接电抗器的电阻考虑，则 STATCOM 的实际等效电路如图 3-2（a）所示，其电流超前和滞后工作的相量图如图 3-2（b）所示。

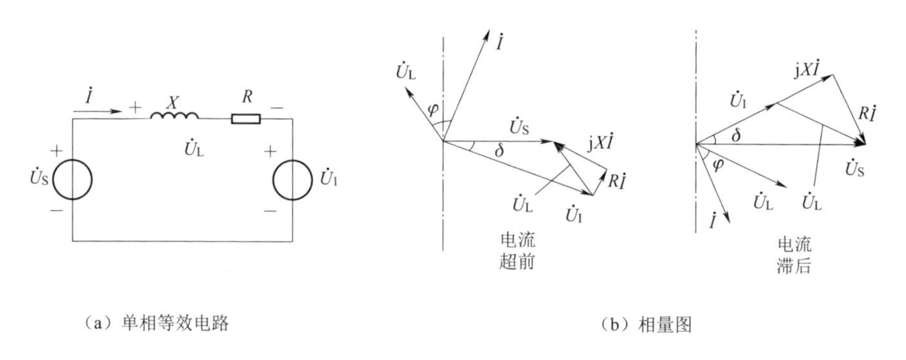

（a）单相等效电路　　（b）相量图

图 3-2　STATCOM 等效电路及工作原理（计及损耗）

在这种情况下，变流器电压 $\dot{U}_I$ 与电流 $\dot{I}$ 仍相差 90°，因为变流器无需有功分量。而电网电压 $\dot{U}_S$ 与电流 $\dot{I}$ 的相差则不再是 90°，而是比 90°小了 δ 角，因此电网提供了有功功率来补充电路中的损耗，也就是说相对于电网电压来讲，电流 $\dot{I}$ 中有一定量的有功分量。这个 δ 角也就是变流器电压 $\dot{U}_I$ 与电网电压 $\dot{U}_S$ 的相位差。改变这个相位差，并且改变 $\dot{U}_I$ 的幅值，则产生的电流 $\dot{I}$ 的相位和大小也就随之改变，STATCOM 从电网吸收的无功功率也就因此得到调节。当电流超前电压，STATCOM 吸收容性的无功功率；当电流滞后于电压，STATCOM 吸收感性的无功功率。

3. STATCOM 的组成

STATCOM 主要由阀组、并网一次设备、水冷系统及其他辅助设备（如供电系统）等组成。STATCOM 的主电路有多种拓扑结构，工程中以链式 STATCOM 最为常见。链式 STATCOM 可以直接与电网相连，而且输出电流谐波小，在高压大容量 STATCOM 中得到广泛应用。链式 STATCOM 主电路是由多个功率单元串联组成，其基本电路如图 3－3 所示。

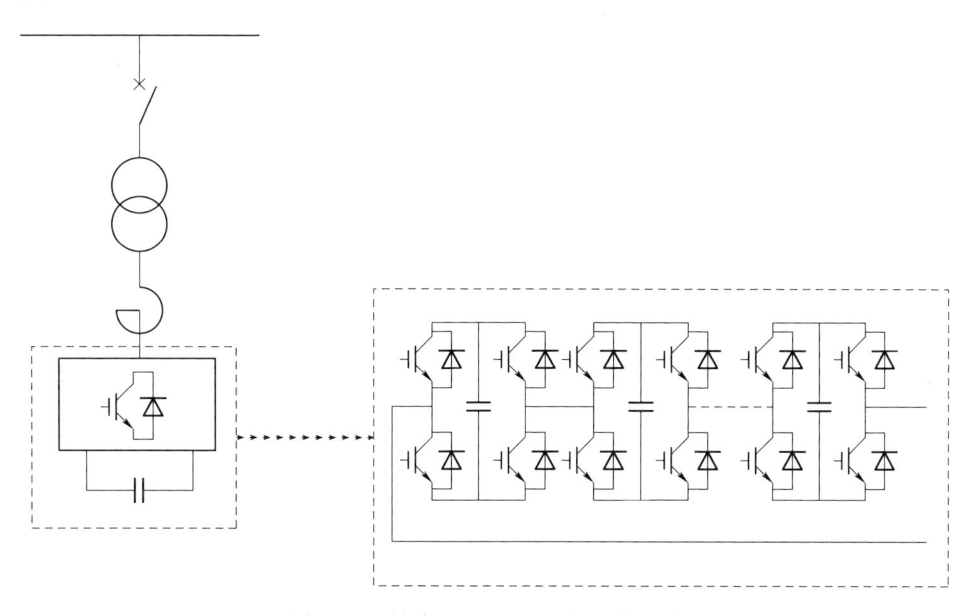

图 3－3　链式 STATCOM 的基本电路

3.1.2　STATCOM 各元件的作用

1. STATCOM 阀组

阀组是 STATCOM 与系统交换有功功率和无功功率的关键环节，是整个装置的最核心部分。在 STATCOM 系统中，阀组与每相的电抗器串联后接入电网，从而实现动态无功补偿。

每相阀组由多个功率单元首尾串联而成，每个功率单元主要由充电电容和4个IEGT晶闸管组成，四个晶闸管成H形排列，俗称“H桥”，单个功率单元基本电路如图3-4所示。

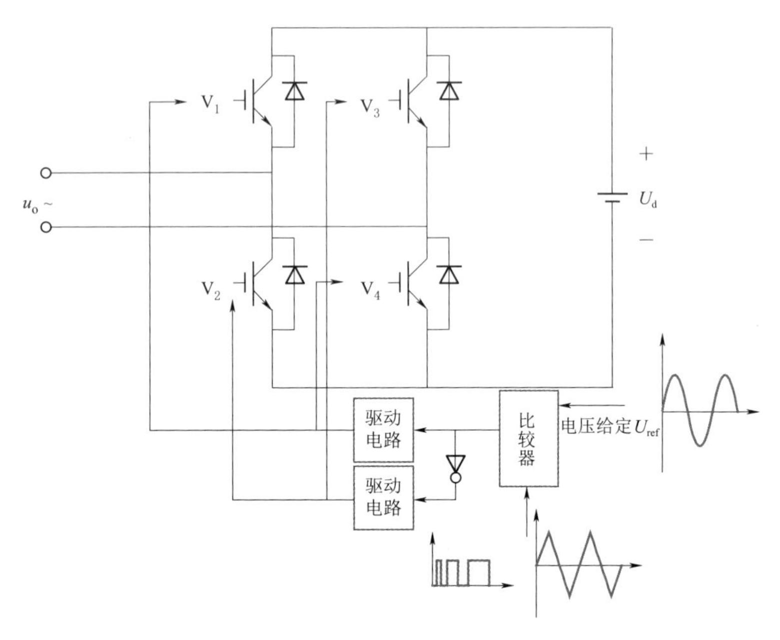

图3-4 单个功率单元基本电路

当控制功率器件 V_1 和 V_4 导通时，u_o 的电压为电容两端电压 $+U_d$；当控制功率器件 V_2 和 V_3 导通时，u_o 的电压为电容两端电压 $-U_d$；当控制功率器件 V_1 和 V_3 导通或 V_2 和 V_4 导通时，u_o 的电压为电容两端电压。所以通过控制功率器件 V_1、V_2、V_3、V_4 不同组合，以及不同的开通和关断的时间可以使得 u_o 输出近似正弦的波形，如图3-5所示。

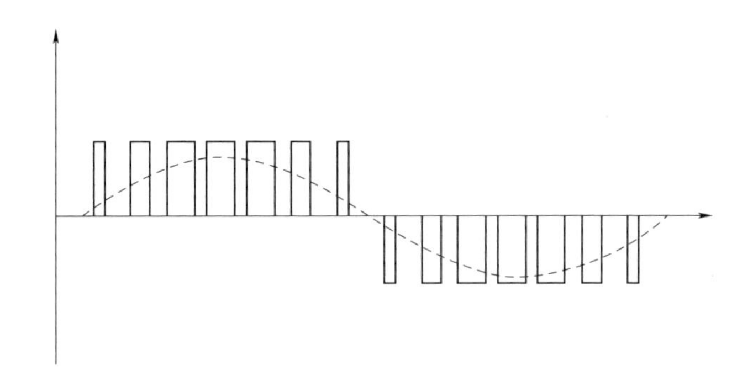

图3-5 u_o 输出的正弦波形

多个功率单元串联输出并不是将其进行简单的叠加，而是将每个单元的输出电压进行一定的角度偏移后再叠加。其作用是使最终波形更接近正弦波，以减少谐波分量，如图 3 - 6 所示。

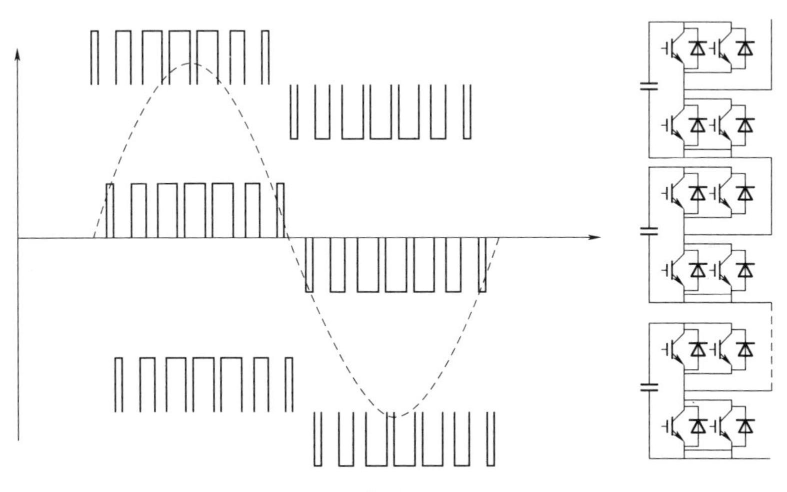

图 3 - 6　功率单元多重化演示

通过多个功率单元叠加的 STATCOM 实际输出交流电压波形如图 3 - 7 所示。

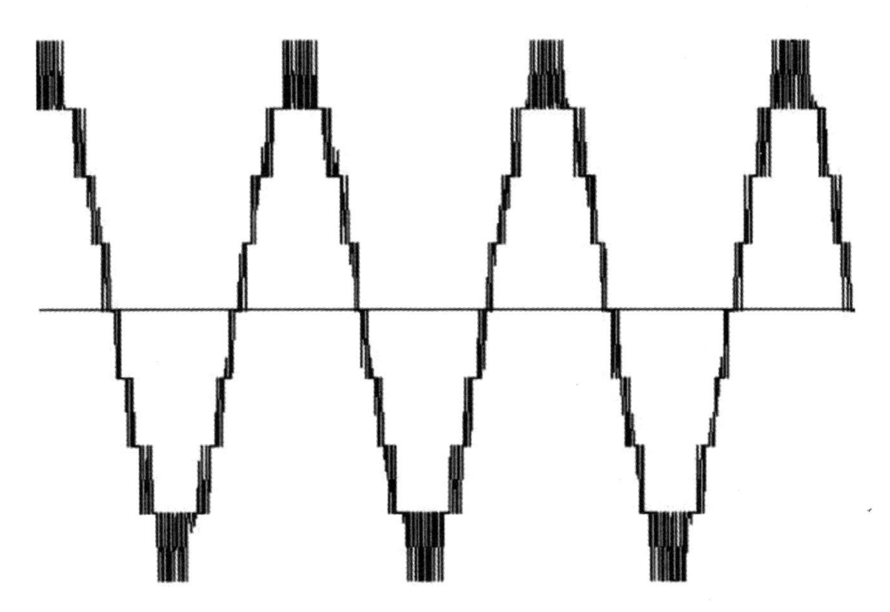

图 3 - 7　4 个功率单元组成 STATCOM 实际输出交流波形

STATCOM 在实际工作中对输出电压的控制主要分为以下步骤：

1）STATCOM 根据当前模式计算需要输出的无功 Q。

2）根据公式 $Q=UI$（单相），由于当前母线电压值 U 是可知的，因而可求得当前需要输出的无功电流 I。

3）根据公式 $I=(U-U_S)/j\omega L$，求得 STATCOM 的输出电压 U_S。

4）控制器将需要输出的正弦信号 U_S 下发到每相的个功率单元。

5）正弦信号 U_S 经过三角波调制后得到 PWM 波。

6）PWM 波经过功率单元的放大后，再经过多级串联叠加就是 STATCOM 最终输出的交流高压。

（1）功率单元主回路部分。功率单元主回路如图 3-8 所示，主电路部分主要由相模块（2 只）、电容器、放电电阻、撬杠电路（Crowbar）和旁路接触器（By Pass）组成。

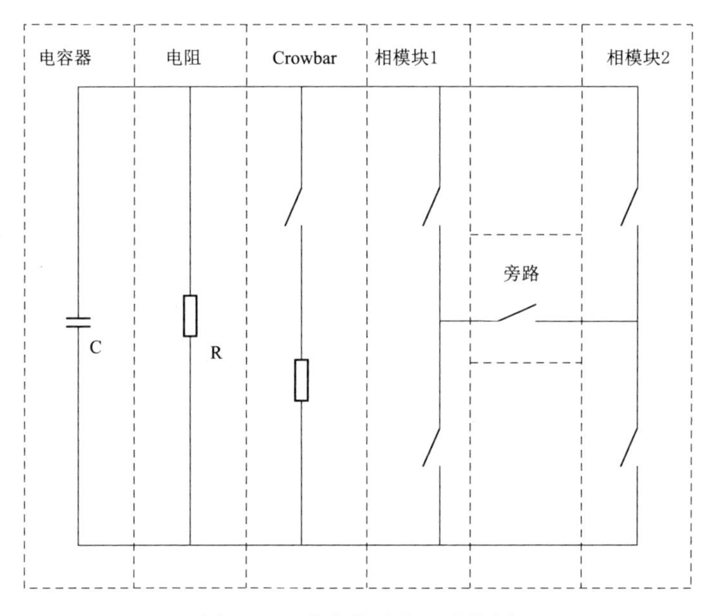

图 3-8 功率单元主回路简图

相模块是 H 桥单元最重要的部件，每个 H 桥单元需要 2 只相模块。每个相模块电路由 2 只 IEGT、2 只续流二极管、缓冲电路等部件组成，如图 3-9 所示。

电容器——每个 H 桥单元需要多个电容器并联而成，其主要作用是储能和滤波。

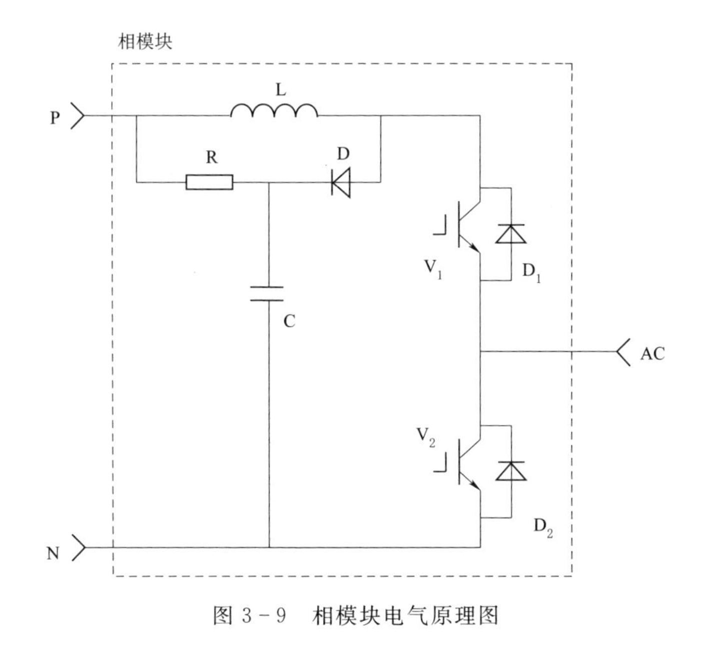

图 3-9　相模块电气原理图

放电电阻——在 H 桥功率单元的并联直流电容上，其正负极之间连接了 2 只并联的放电电阻。系统在停机后，主断路器分闸，此时阀组中的直流电容就会通过放电电阻释放电能。

旁路机构——阀组采用多个 H 桥功率单元串联而成。因此，在极端情况下，当其中的一个或几个 H 桥功率单元发生故障时，如果系统还能正常工作，那么系统的可靠性将大大提高，而旁路设计就是实现上述目标的重要手段之一。具体的旁路过程如下：

1）功率单元故障，请求旁路。

2）控制系统下发在线旁路命令。

3）功率单元接收到命令，先通过功率器件进行旁路（上/下桥臂 IEGT 开通，由于 IEGT 故障状态为短路状态，所以即使 IEGT 故障，此逻辑一样有效），同时触发撬杠，此时 STATCOM 的其他单元正常运行。

4）然后进行机械开关旁路。

5）旁路成功后，设备继续运行；旁路失败后，设备退出运行。

（2）供电部分。为了确保 H 桥功率模块内部各部件的供电需要，电源系统采用从低压 380V 电源取电技术方案。H 桥功率模块电源系统供电由电源隔离柜、高压隔离电源、开关电源 3 级结构组成。电源隔离柜的供电统一为交流380V，经隔离变压器、整流与滤波后由其配送给各个H桥功率模块的高压隔离电源供电。

H桥功率模块供电部分的组件包括高压隔离电源（两个）和直流开关电源。高压隔离电源主要为充电电路、旁路接触器和整个H桥的控制部件提供电源。直流开关电源为H桥单元的单元控制板和IEGT驱动板提供低压电源。

2. 并网一次设备

（1）换流电抗器。换流电抗器一般采用单相干式空心电抗器，每相电抗器分成两个相同的电抗器分别与换流链首末端相连。电抗器参数选择应与换流链容量匹配，电抗器的损耗宜根据容量与型式，经技术经济比较选定。换流电抗器的作用如下：

1）连接STATCOM与电网，实现能量缓冲。

2）减少STATCOM输出电流中的开关纹波，降低共模干扰。

3）阻尼过电流，滤除纹波。

增大电感值可以抑制系统输入电流的谐波，减小对电网的污染。减小电感值可以提高系统响应速度，但是输入电流的脉动量变大。因此需要依据不同的现场情况来确定该电抗的数值。

（2）专用连接变压器。专用连接变压器设计应保证承载额定无功电流，绝缘水平应与系统参数相匹配。在链式STATCOM各种正常运行条件下，专用连接变压器应能承受相关的谐波电流及持续电压，并且不对其寿命产生影响。专用连接变压器磁密设计时应充分考虑链式STATCOM在最高参考电压、最大容性无功注入时对变压器工作磁密度的影响等。采用专用变压器接入系统的好处是与现有系统进行彻底的隔离，系统运行、维护及其安全可靠性高。

3. STATCOM水冷系统

水冷系统是STATCOM的一个重要组成部分，它的主要作用是满足STATCOM阀组在运行工况下的散热要求，保证STATCOM的可靠运行。水冷系统主要由内冷却系统和外冷却系统组成，如图3-10所示。内冷却系统为闭式去离子水循环系统，负责与阀组进行热交换；外冷却系统一般采用空气散热器，负责把内冷却水带出的热量散掉。

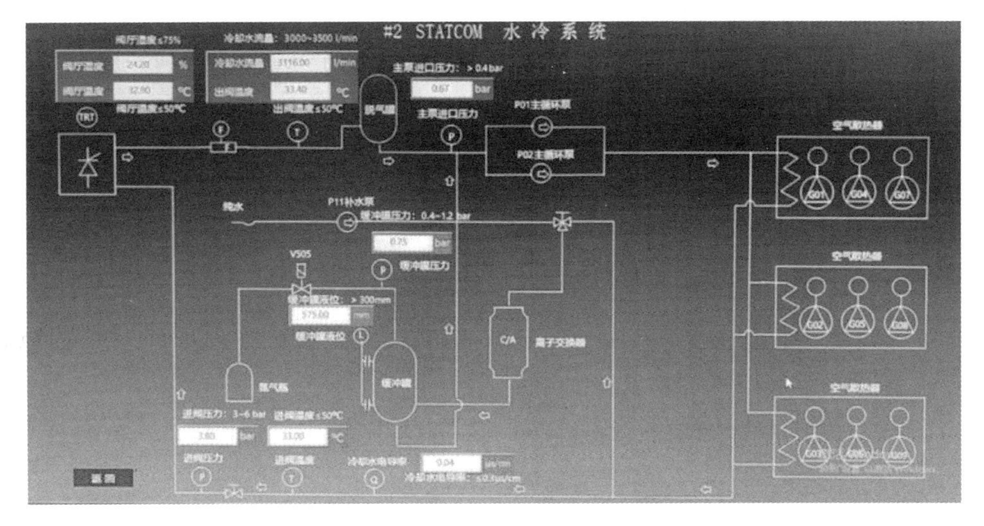

图 3-10　STATCOM 水冷系统图

为适应大功率电力电子设备在高电压条件下的使用要求，防止在高电压环境下产生漏电流，冷却介质必须具备极低的电导率。因此在主循环回路上并联了去离子水处理回路。预设一定流量的冷却介质流经离子交换器，不断净化管路中可能析出的离子，然后通过缓冲罐与主循环回路冷却介质在主循环泵入口合流。与缓冲罐连接的氮气稳压系统保持系统管路中冷却介质的充满及隔绝空气。

（1）主循环回路。恒定压力和流速的内冷水流经阀组进行热交换，由主循环泵升压后，经室外空气散热器降低水温，再回流至主循环泵进口，形成密闭式循环冷却系统。PLC 根据内冷水温度变送器反馈的信号调节外冷空气散热器的风机电机开启的台数，控制风量的变化，从而达到精确控制冷却介质温度的目的。

主循环泵为冷却系统提供密闭循环流体所需动力，为高速离心叶片泵，采用机械密封，接液材质为不锈钢 316L，1 用 1 备，每台 100%容量，设过流和过热保护。水泵进出口设置柔性接头减振，并设置软启动器和工频旁路相结合的方式，以防止单一元件故障导致主循环水泵不可用，可对软启动器进行在线检修。正常情况下运行泵连续运行一周后将自动切换，切换时系统流量和压力保持稳定，在切换不成功时能自动切回。主循环泵轴承采用重载、稀油润滑轴承，并设有轴承温度监控。主循环泵轴封设置漏水检测装置，检测轴封漏水。主循环泵示意图如图 3-11 所示。

图 3-11 主循环泵示意图

为防止冷却介质在快速流动中可能冲刷脱落的刚性颗粒进入被冷却器件，在主循环回路设置机械过滤器，采用网孔标准水阻小的不锈钢滤芯，如图 3-12 所示。主过滤器进出水口设压差开关提示滤芯污垢程度，当压力表显示差值超过设计值或每年年检时，需对主过滤器滤芯进行清洗。过滤器采用 T 形结构，可方便地通过拆卸法兰进行滤芯更换和维护。主过滤器一般设置 2 台，可对单台主过滤器实现在线检修。

电加热器置于主循环回路，主要用于当供水温度接近凝露温度时对冷却介质进行温度补偿，防止凝露，如图 3-13 所示。在低温，供水温度过低时，对供水温度进行加热，以满足系统运行的需要。电加热器运行时，STATCOM 水冷系统不能停运，必须保持管路内冷却水的流动，即使此时 STATCOM 已经退出运行。如冷却介质温度低于阀厅露点温度，管路及器件表面有凝露危险时，电加热器也开始工作。

(2) 去离子水处理回路。去离子水处理回路并联于主循环回路，通过对冷却介质中离子的不断脱除，达到长期维持极低电导率的目的，去离子水处理回路外形图如图 3-14 所示。去离子水处理回路主要由混床离子交换器及相关附件组成，离子交换树脂采用核级非再生树脂，专用于微量离子的去除。通过不间断对阀冷系统主循环回路中的部分介质进行纯化，吸附冷却回路中部分冷却液的阴、阳离子，从而抑制在长期运行条件下金属接液材料的电解腐蚀或其他电气击穿等不良后果。

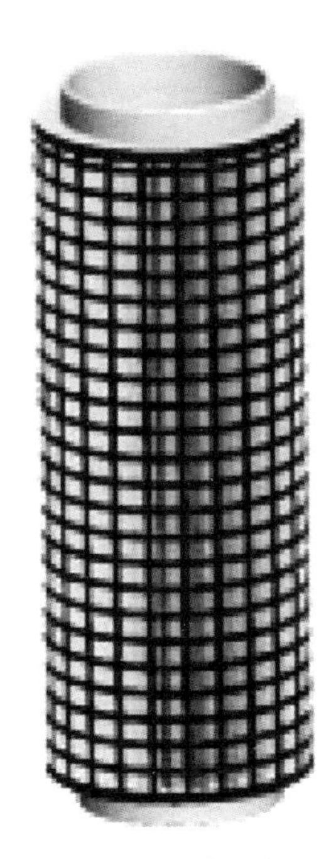

图 3-12　过滤器滤芯

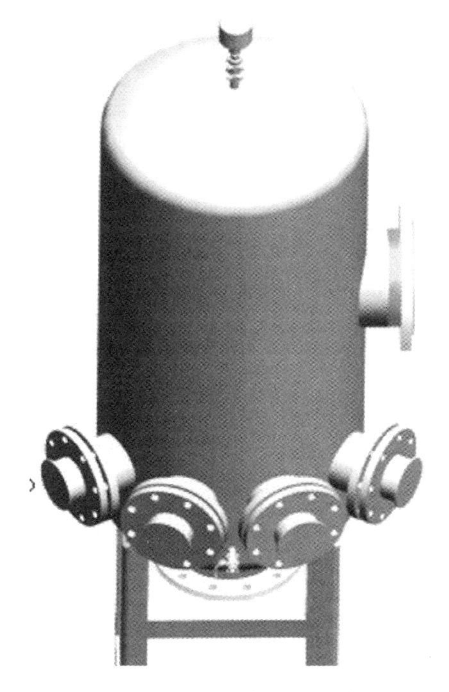

图 3-13　电加热器示意图

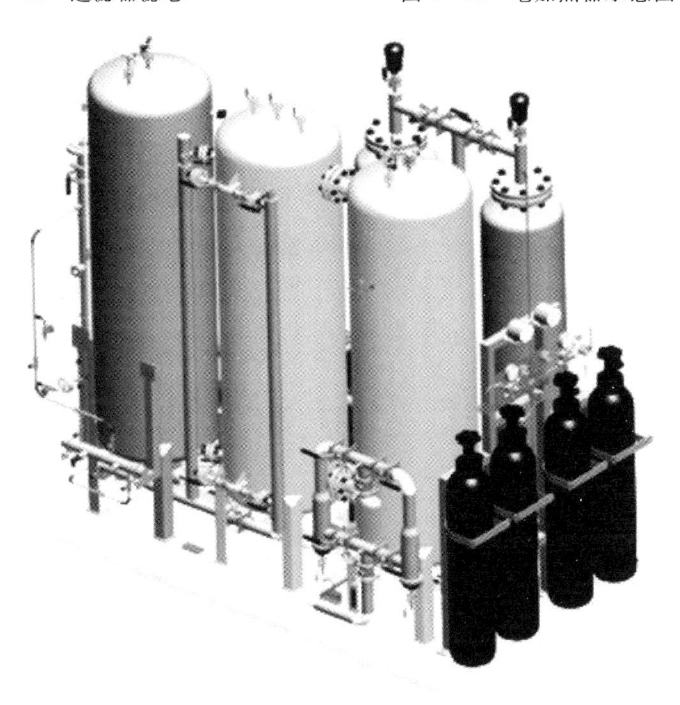

图 3-14　去离子水处理回路外形图

离子交换器一般设置 2 台，1 用 1 备，其中一台更换时不影响系统运行。离子交换器出水处设置电导率传感器，当检测到高值时，提示更换离子交换树脂。离子交换器出水设流量变送器可以监视回路堵塞情况。离子交换器出口设置精密过滤器，拦截可能破碎的树脂颗粒，滤芯可更换。

（3）氮气稳压系统。氮气稳压系统由缓冲罐、电磁阀、氮气瓶和补液系统等组成。缓冲罐顶部充有稳定压力的高纯氮气，当水冷系统的冷却介质体积变化时，氮气自动扩张或收缩，以保持冷却介质的充满。氮气密封使冷却介质与空气隔绝，对管路中冷却介质的电导率指标的稳定起着重要的作用。

缓冲罐配置一台磁翻板式液位变送器，装在罐外侧，可显示缓冲罐中的液位，当液位到达低点时，发出报警信号，并自动补水。当液位到达超低点时，发出跳闸报障信号，提示操作人员检修系统。缓冲罐的液位传感器为线性连续信号，如下降速率超过设定值，则系统判断管路可能有泄漏。缓冲罐底部设置曝气装置，流动的氮气带走氧气，使得水中的氧气不断解析，从而降低水中的溶解氧。

氮气管路主要由减压阀、电磁阀、安全阀、氮气瓶及监控仪表等组成，氮气管路三维图如图 3-15 所示，由 PLC 控制实现气源的自动减压、补充、排气等。氮气回路一般设置 2 套，1 用 1 备，另设置 2 个氮气瓶备用。

补水装置包括补水用原水罐、补水泵、原水泵及补水管道等。自动补

图 3-15　氮气管路三维图

水泵根据缓冲罐液位自动进行补水，也可根据实际情况手动补水。原水罐采用密封式，以保持补充水水质的稳定。原水罐设液位变送器。当原水罐液位低于设定值时，提示操作人员启动原水泵补水，保持原水罐中补充水的充满。原水罐设置自动开关的电磁阀，平时关闭，在补水泵和原水泵启动时自动打开，以保持原水的纯净度。根据功能不同，分为原水泵和补水泵，一般配置 1 台原水泵，2 台补水泵，自动补水时 2 台补水泵互为备用。原水泵出水设置 Y 形过滤器，并设置进出口压力表，为保证补充水水质纯净，原水补充进去离子回路经过离子交换器后补充至内冷水主回路。

（4）管路及冷却介质。所有的不锈钢设备、管道焊接采用氩弧焊工艺，并经过严格的酸洗、试压、清洗过程。现场管道安装采用厂内预制、现场装配形式，以确保质量、安全和施工的快捷。管道系统的最高位置设有自动排气阀，能自动有效地进行汽水分离和排气，保证最少的液体流失。为方便检修、维护及保养，水冷系统管道的最低位置设置了排污口、紧急排放口等，并保留有足够的检修空间。为避免冷却介质中存在杂质离子，导致各元件之间形成超出安全范围的漏电流，要求冷却介质为高纯水。为保持介质的高纯性，循环管路均采用卫生级不锈钢管。

（5）空气散热器。为了实现循环水的冷却，在室外设置空气散热器，如图 3－16 所示。升温后的水经主循环泵升压后被输送到空气散热器，在其中完成热能从水转移到空气中，从而冷却循环水。在空气散热器最高处设置排气阀，便于排空气体；在空气散热器最低处设置泄空阀，便于泄空。

图 3－16　空气散热器示意图

3.2 STATCOM控制保护的基本原理

3.2.1 STATCOM控制原理

1. 控制系统构成

STATCOM的控制系统主要由系统监控柜、系统控制柜、装置控制柜和脉冲柜组成，其系统框图如图3-17所示。

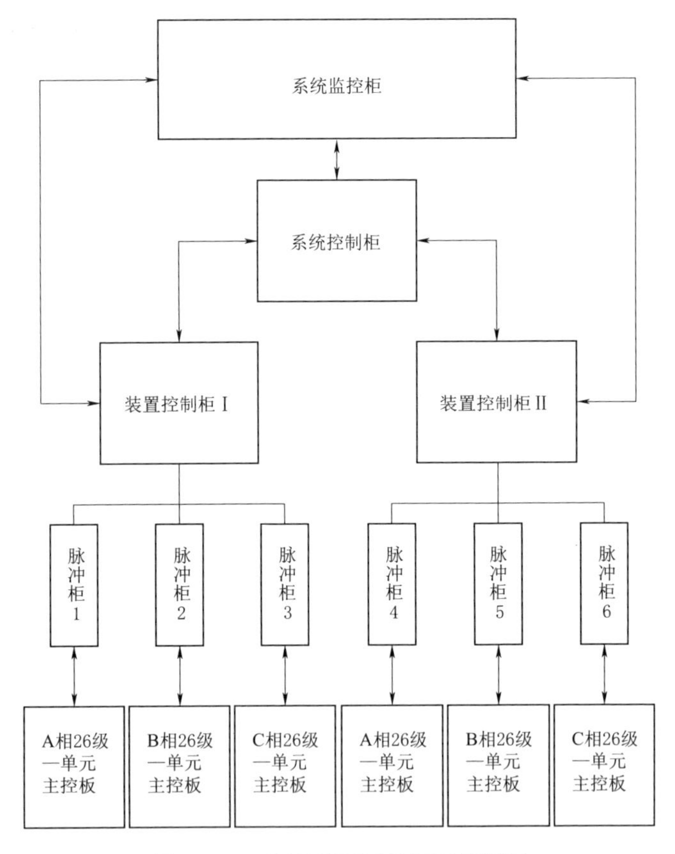

图3-17 STATCOM控制系统框图

（1）系统监控柜。系统监控柜主要功能是监控及与外界的通信，将STATCOM的关键数据和事件进行显示并存储，同时通过监测单元可以控制 STATCOM 的启停操作，控制参数的修改等功能。其功能框图如图 3-18 所示。

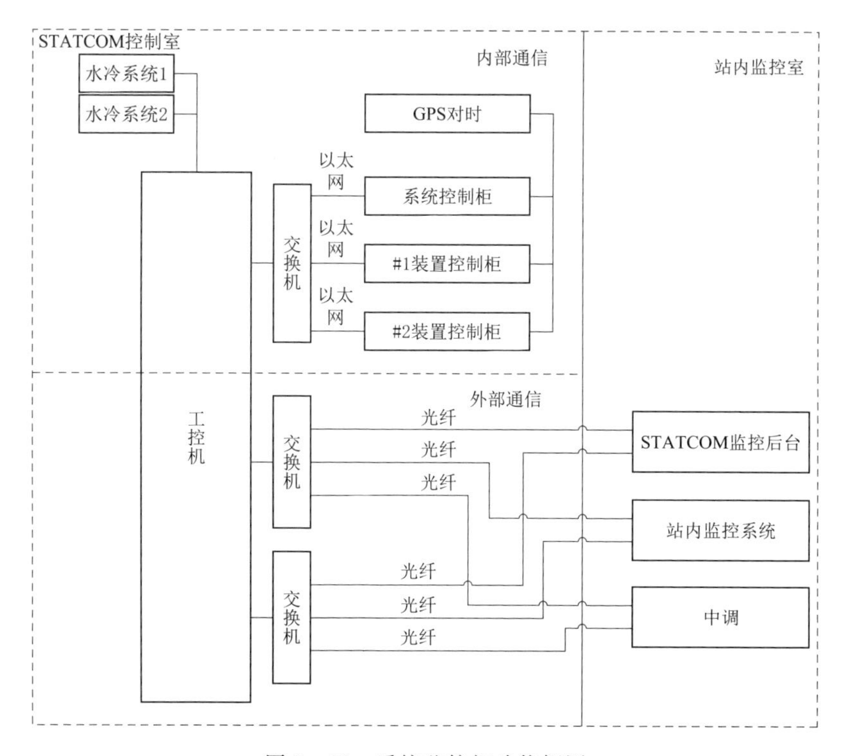

图 3-18　系统监控柜功能框图

（2）系统控制柜。系统控制柜主要负责系统控制部分的算法，断路器和水冷系统的控制以及启停逻辑。其功能框图如图 3-19 所示。

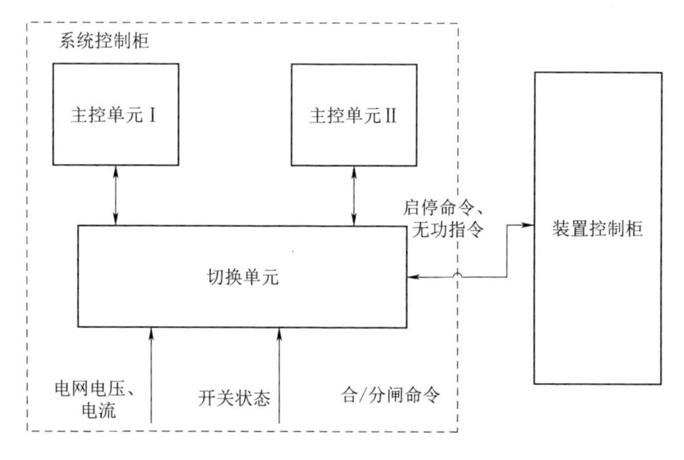

图 3-19　系统控制柜功能框图

系统控制柜主要由主控单元Ⅰ、主控单元Ⅱ和切换单元组成。主控单元是完成 STATCOM 控制策略的核心部分，通过电网电压、电流等信号的运算，得出电网需要的无功指令通信给装置控制柜，同时对 STATCOM 相关的主要设备的状态进行检测和控制。考虑到设备的稳定运行以及可靠性，采用两个主控单元互为备用。

切换单元主要是采集外界的模拟量和数字量通信给主控单元进行控制，同时接收主控单元的命令控制外部设备以及与装置控制柜通信。此外因为主控单元为冗余配置，所以对两个控制单元的输入输出信号进行管理。

(3) 装置控制柜。装置控制柜主要负责 STATCOM 的控制算法，无功指令来自系统控制柜以及 STATCOM 本体的保护。其功能框图如图 3-20 所示。

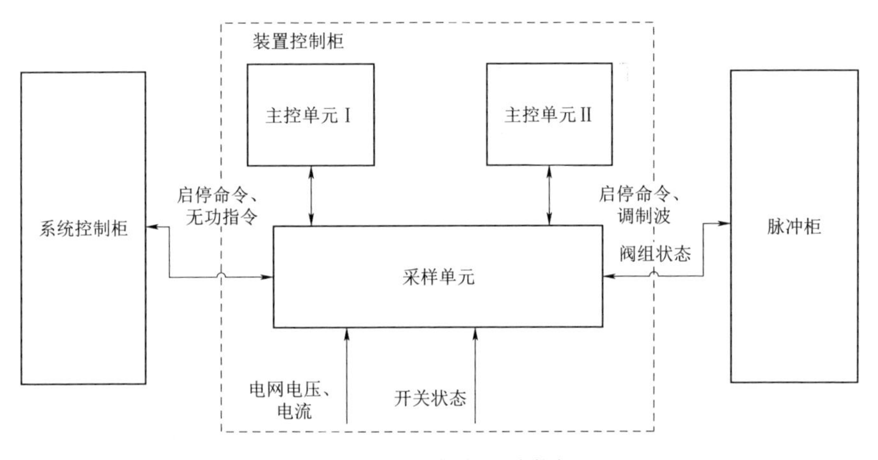

图 3-20　装置控制柜功能框图

装置控制柜由主控单元和采样单元组成。主控单元是 STATCOM 进行无功控制的核心部分，接收到系统控制的无功指令后，通过对阀组的控制使得 STATCOM 输出指定的无功。主控单元根据电网电压、电流等参数的运算，最后得出三相调制波发送至脉冲柜。采样单元主要是采集外界的模拟量和数字量通信给主控单元进行控制，同时与脉冲柜和系统控制柜通信。

(4) 脉冲柜。脉冲柜是 STATCOM 无功控制的执行部分，将每个单元的调制波发送给阀组的单元主控板。其功能框图如图 3-21 所示。

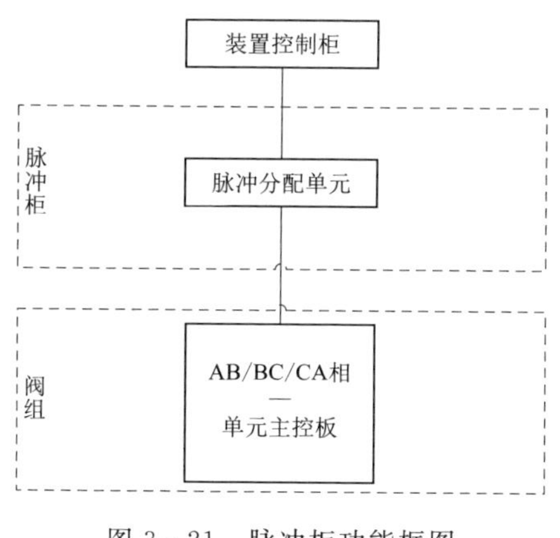

图 3-21 脉冲柜功能框图

2. STATCOM 的控制模式

STATCOM 的控制模式分为稳态调压、暂态电压控制、远方控制、人工干预和阻尼控制等五种模式。

(1) 稳态调压模式。为保证装置留有足够的动态无功备用，稳态调压的可用容量应设定上下限。STATCOM 稳压模式根据系统的电压变化进行自动调节，装置输出容量的初始容性上限略小于一组电容器，初始感性上限略小于一组电抗器。同时，STATCOM 检测站内所有电容器组和电抗器组的投切状态。当系统电压低于设定值而 STATCOM 容性输出已达初始容性上限，且站内所有电容器组均处于闭合状态时，则将 STATCOM 的容性上限逐渐上调为两组电容器的容量，如果系统电压在装置输出再次达到容性上限并且持续一段时间后仍然不能满足要求，则继续放开容性上限值，为了给系统留有最大无功备用，容性上限值的最大值不得超过系统设定值。

同理，当系统电压高于设定值，且站内电抗器均处于闭合状态，则将 STATCOM 的容性上限逐渐上调为两组电抗器的容量。如果系统电压在装置输出再次达到感性上限并且持续一段时间后仍然不能满足要求，则继续放开感性上限值，为了给系统留有最大无功备用，感性上限值的最大值不得超过系统设定值。

(2) 暂态电压控制模式。STATCOM 暂态控制模式主要针对两类情况：①系统发生大扰动，系统电压发生快速波动，此种情况需要避免

STATCOM 的频繁动作可能引起的系统电压小幅长时间波动；②系统发生接地故障，系统电压发生快速大幅度跌落，此种情况下要避免在发生接地故障时，STATCOM 的投入增大系统短路电流，增加 220kV 断路器的负担。因此，STATCOM 的控制器不仅要能够迅速地检测到短路故障的发生和切除，同时还要避免 STATCOM 对系统产生扰动。

暂态情况下，通过对三相等效有效值（瞬时计算）和分相电压有效值幅值和变化速度的判断来识别故障，并根据故障的严重程度来实现相应的控制策略。当母线电压瞬时值的变化率高于某一设定值或电压有效值低于 0.9pu 时，同时任一相母线电压有效值均高于 0.3pu 时，暂态过程判断逻辑认为系统发生暂态故障（非近地点短路故障），进入暂态电压控制模式。三相线电压有效值的平均值低于 0.6pu，暂态控制模式闭锁定电压控制，同时启动零无功控制，STATCOM 定电压控制退出；零无功输出下，STATCOM 闭锁触发脉冲，装置输出无功保持为零，直到零无功控制取消。当三相电压有效值的平均值高于 0.7pu，取消零无功控制，同时启动暂态定电压控制，控制器根据电压参考值对母线电压进行控制，当电压高时，输出更多的感性无功，当电压比较低时，输出更多的容性无功，从而使系统电压稳定在一定范围之内，有效抑制故障恢复期间的电压波动，同时促进故障恢复期间系统电压的恢复速度。

（3）远方控制模式。远方控制模式是稳态运行的可选控制模式之一，控制器将自身状态包括实时的电压参考值、无功输出的限值、主系统以及辅助系统的工作状态等发送给中调，中调 AVC 根据系统需要和 STATCOM 的当前工作状态向 STATCOM 控制器发出指令。控制器能够接受中调 AVC 系统或 EMS 系统的指令并按照一定优先级进行执行（优先级可设定，推荐优先级为：远方控制模式优先级低于人工干预和暂态电压控制，高于稳态电压控制模式），即以相应调度指令进行输出的分配。装置通过通信控制机（STATCOM 控制器接口通信协议与调度接口一致）接收调度中心或者 AVC 主控单元的控制指令；该指令直接作为 STATCOM 参考值，该指令的控制目标可以是电压，也可以是无功功率；指令的形式可以是一个定值、一个带上下限的定值、一条曲线或带上下限的曲线。

（4）人工干预模式。当现场运行人员需要对 STATCOM 的工作状态、输出模式、输出效果进行调整时，可进入人工干预模式。运行人员打开控制器的操作面板，选择人工干预，输入安全指令后，运行人员可对装置主体的开关进行操作，对控制器开放的控制参数进行调节，对 STATCOM 的控制模式进行选取，对控制策略进行选取。

（5）阻尼控制模式。阻尼功率振荡控制的目的是在系统动态运行时，增强系统阻尼。该模式将远方通信的包含有功率振荡特征量的信号进行处理，当从该信号中提取出的振荡偏差值大于某一设定的范围，则认为系统处于振荡过程，通过调节 STATCOM 输出电压阻尼反馈量增强系统阻尼，当特征量与稳态时的差值小于某一设定范围且持续一段时间后，阻尼功率控制取消。

3.2.2 STATCOM 保护原理

STATCOM 保护分为功率单元保护、换流链保护和控制系统本体保护三部分。这三种保护根据设备故障程度保护动作按低至高优先级分为在线旁路、离线旁路、重启、脉冲闭锁和跳闸 5 种方式。

（1）在线旁路。此类故障为功率单元的保护，不影响设备运行。当功率单元检测到可以旁路的故障以后，进行在线旁路，整个过程 STATCOM 正常运行。具体的流程如下：当控制保护系统检测到功率单元的“在线旁路请求”时，会立即向故障功率单元发送旁路命令，故障功率单元接收到旁路命令后执行在线旁路过程（电压撬杠动作→触发下/上桥臂 IEGT→闭合旁路开→确认旁路开关闭合→旁路完成），整个旁路过程中 STATCOM 正常运行。如果电压撬杠动作后，直流电压在 5ms 内没降到 500V 以下则报“离线旁路请求”，然后进行离线旁路过程。

（2）离线旁路。此类故障为功率单元的保护，不影响设备运行。当功率单元检测到可以旁路的故障以后，进行在线旁路，如果在线旁路没有成功，则进行离线旁路，在旁路过程中 STATCOM 会闭锁脉冲，旁路完成后继续运行。具体的流程如下：当控制保护系统检测到功率单元的“离线旁路”时，会立即闭锁所有功率单元脉冲，然后向故障功率单元发送旁路命令，故障功率单元接收到旁路命令后执行离线旁路过程（电压撬杠动作→100ms 后直流电压低于 500V→闭合旁路开关→确认旁路开关闭合→旁路完成），当旁路完成后解锁所有功率单元脉冲继续运行。如果 600ms 内旁路开关没有闭合则报“旁路失败”，如果成功“旁路开关状态”置“1”。

（3）重启。此类故障一般由于电网原因造成 STATCOM 短时故障，此时 STATCOM 会闭锁脉冲，延迟一段时间后自动重启，如果重启成功则继续运行，如果重启失败则跳闸。

（4）脉冲闭锁。此类故障一般为换流链故障，此时 STATCOM 会闭锁脉冲，没有无功输出，但 STATCOM 断路器处于闭合状态。

（5）跳闸。此类故障一般比较严重，此时 STATCOM 闭锁脉冲，同时跳开交流断路器。

1. 功率单元保护

功率单元（H 桥）的保护主要通过检测单个功率单元内部的电压功率器件的状态，避免超出功率器件的安全运行范围。

功率单元的保护包括撬杠故障、旁路失败、通信中断（上行光纤故障，下行光纤故障）、数据校验错误（上行数据错误，下行数据错误）、泄漏故障（左模块泄漏，右模块泄漏）、自检故障、充电失败、隔离电源故障（1 号、2 号隔离电源故障）、IEGT 故障（1～4 号 IEGT 故障）、直流过压、直流欠压、电容压力过大等 12 种类型。除此之外还有 3 种综合故障：在线旁路请求、离线旁路请求、停机请求。功率单元各种故障采集的信号框图如图 3-22 所示。

（1）功率单元撬杠故障。功率单元在进行离线旁路过程中，首先通过撬杠将直流电容内的能量释放，然后闭合旁路开关。如果单元主控板发出撬杠动作命令 100ms 后，直流电容电压仍然高于 500V，则认为撬杠故障。功率单元撬杠故障逻辑框图如图 3-23 所示。

（2）功率单元旁路失败。功率单元在进行旁路（在线旁路或者离线旁路）过程中，首先通过撬杠将直流电容内的能量释放，然后发出闭合旁路开关命令，待旁路开关闭合后旁路过程完成。如果单元主控板发出闭合旁路开关命令 600ms 内没有检测到旁路开关闭合，则认为旁路开关异常，说明旁路失败。旁路失败故障逻辑框图如图 3-24 所示。

（3）脉冲分配单元与主控板通信中断。正常情况下，脉冲分配单元和单元主控板每个控制周期（250μs）进行一次通信。如果任何一方连续 5ms 内没有收到对方数据，则认为通信中断。脉冲分配单元与单元主控板

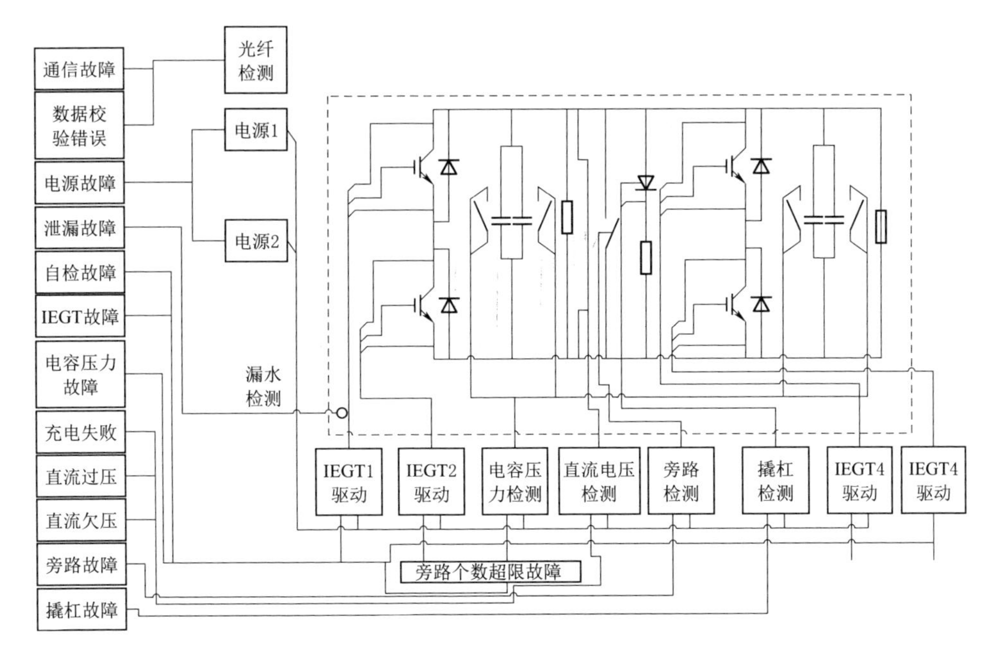

图 3-22 功率单元各种故障采集的信号框图

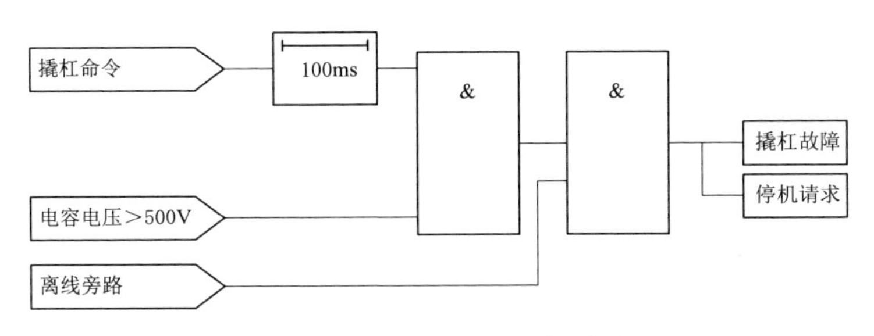

图 3-23 功率单元撬杠故障逻辑框图

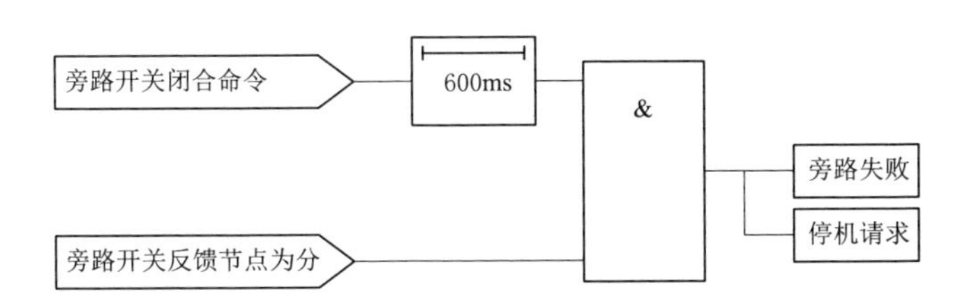

图 3-24 旁路失败故障逻辑框图

通信中断逻辑框图如图 3-25 所示。

(4) 功率单元泄漏故障。每个功率单元里面均配备 2 个漏水检测传感器（左右模块各一个），当漏水传感器的探头接触到水以后，漏水传感器

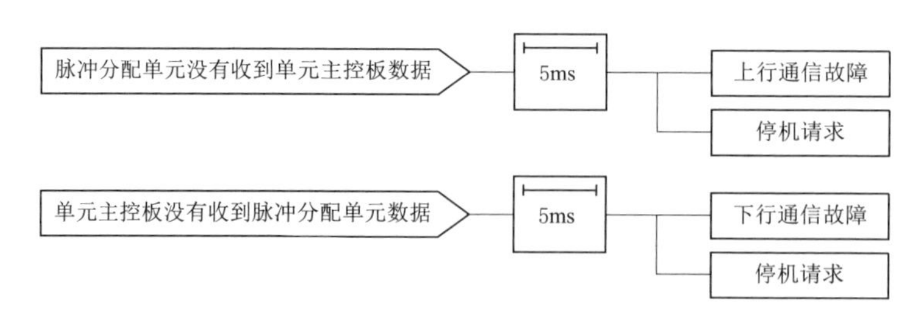

图 3-25　脉冲分配单元与单元主控板通信中断逻辑框图

会输出一个断开节点。单元主控板检测到此节点断开后，进行故障保护。泄漏故障逻辑框图如图 3-26 所示。

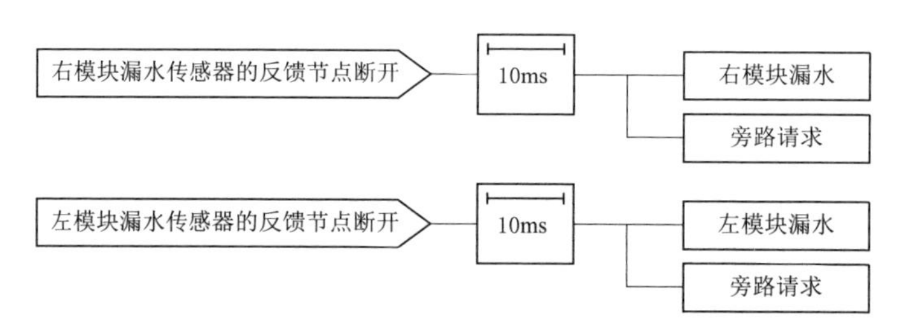

图 3-26　泄漏故障逻辑框图

（5）功率单元自检故障。当 STATCOM 充电完成以后并入电网前，给每个功率器件发送一个自检信号（固定 125μs 宽度脉冲）共 4 个，用于检测当前功率器件是否可以正常开通/关断。

如果检测驱动板返回信号小于 4 个则说明功率器件触发回路或者功率器件异常，则自检失败。自检失败故障逻辑框图如图 3-27 所示。

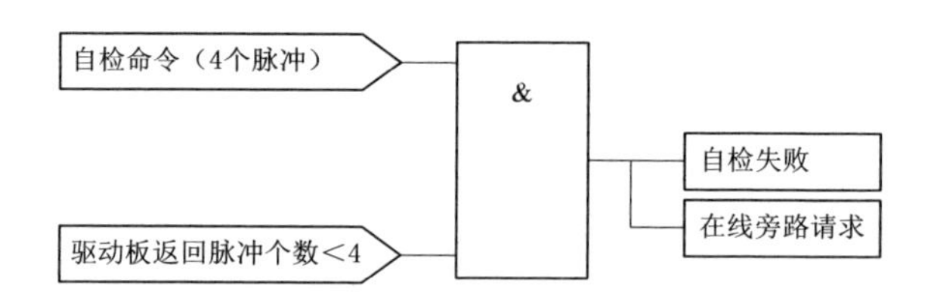

图 3-27　自检失败故障逻辑框图

（6）功率单元充电故障。在 STATCOM 并入电网前，需要给每个功率单元的直流电容器进行预充电，当 3min 内直流电压没有达到设定数值，则认为充电失败。充电失败故障逻辑框图如图 3-28 所示。

（7）功率单元隔离电源异常。每个功率单元具有 2 个隔离电源进行供电正常时每个隔离电源会发送一个常亮光纤给单元主控板。如果单元主控

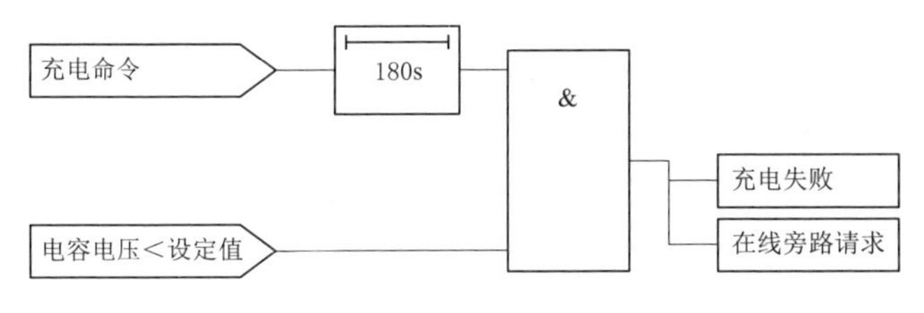

图 3-28　充电失败故障逻辑框图

板检测到光纤灭，则说明对应的隔离电源故障。隔离电源故障逻辑框图如图 3-29 所示。

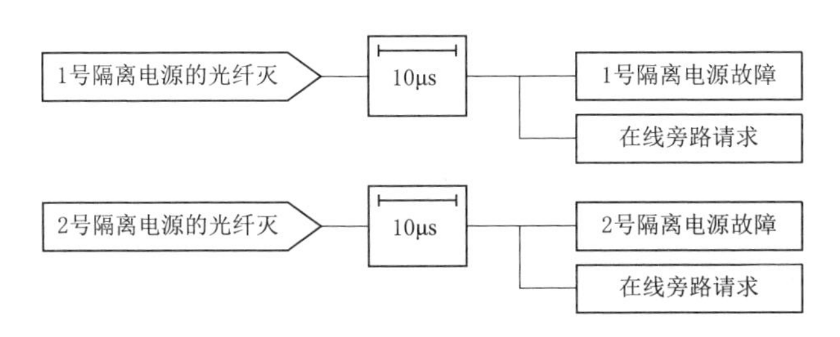

图 3-29　隔离电源故障逻辑框图

（8）功率单元 IEGT 故障。正常情况下，每个 IEGT 有一个反馈脉冲信号 fdb，当给 IEGT 发出脉冲序列时，IEGT 都会给出反馈脉冲信号 fdb，根据 IEGT 的反馈信号可以对 IEGT 进行检测。IEGT 有两种故障类型：①类型 A，当给 IEGT 发送脉冲命令（开通关断）之后，IEGT 必须在 2.5μs 内给出反馈信号，即出现 fdb 脉冲信号，如果在 2.5μs 内没有反馈信号，那么 IEGT 发生 A 型故障；②类型 B，IEGT 反馈的 fdb 脉冲的脉宽最大不超过 2μs，如果不满足该要求，那么 IEGT 发生 B 型故障。IEGT 故障逻辑框图如图 3-30 所示。

（9）功率单元直流过压故障。当单元主控板检测到功率单元的直流电容电压高于设定值以后，表明功率单元直流过压。直流过压故障逻辑框图如图 3-31 所示。

（10）功率单元直流欠压故障。功率单元充电完成以后，如果单元主控板检测到功率单元的直流电容电压低于设定值，表明功率单元直流欠压。直流欠压故障逻辑框图如图 3-32 所示。

（11）功率单元电容压力故障。每个功率单元有四个直流电容器，每个直流电容器带有一个压力传感器，正常时压力传感器输出闭合节点，当

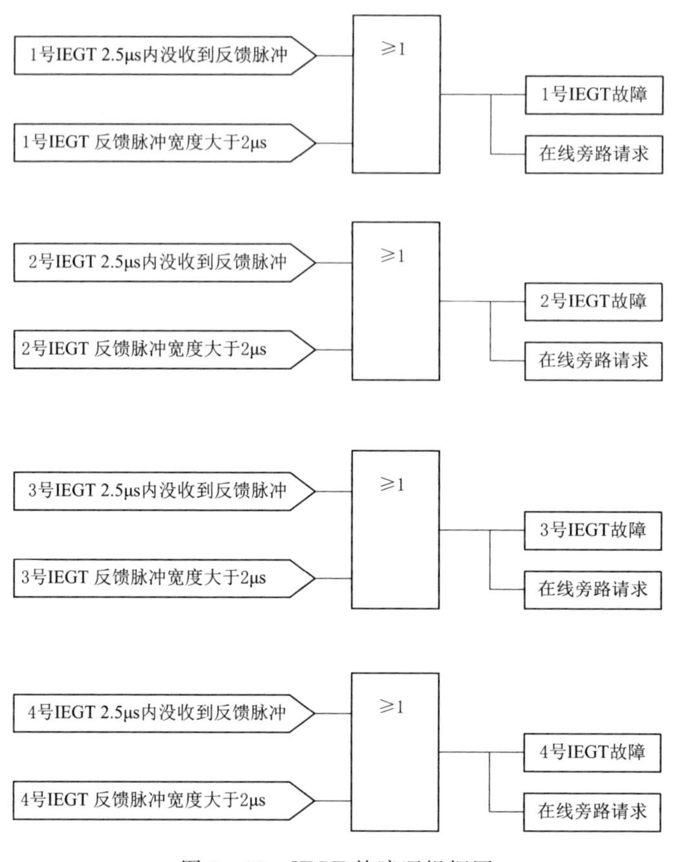

图 3-30　IEGT 故障逻辑框图

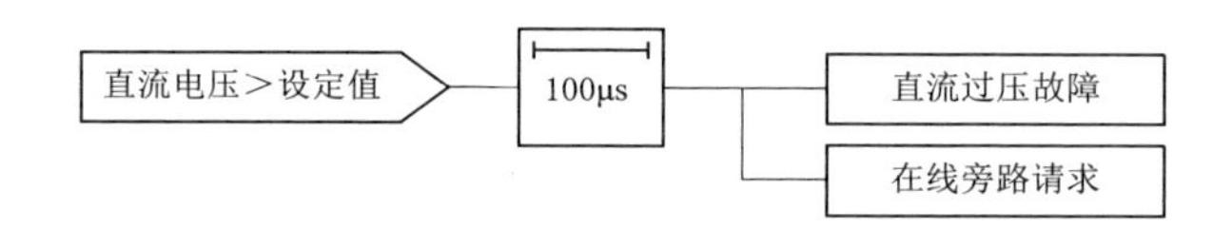

图 3-31　直流过压故障逻辑框图

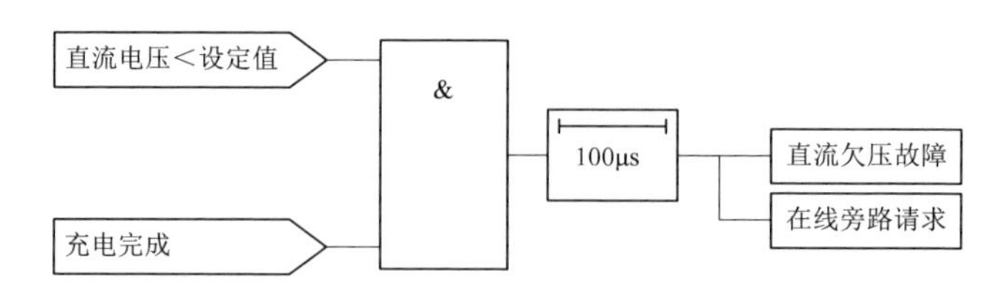

图 3-32　直流欠压故障逻辑框图

直流电容器内部压力异常时压力传感器的节点会分开。当单元主控板检测到任何一个压力传感器节点为分时，表明直流电容器出现异常。电容压力故障逻辑框图如图 3-33 所示。

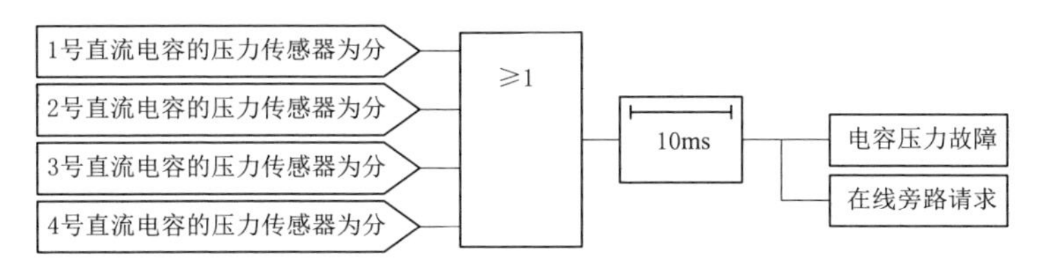

图 3-33　电容压力故障逻辑框图

（12）功率单元同步故障。正常情况下，脉冲分配单元会每个载波周期（4ms）发一个同步信号给单元主控板。如果单元主控板连续 16ms 没有接收到脉冲分配单元的同步信号，表明载波同步出现异常。同步故障逻辑框图如图 3-34 所示。

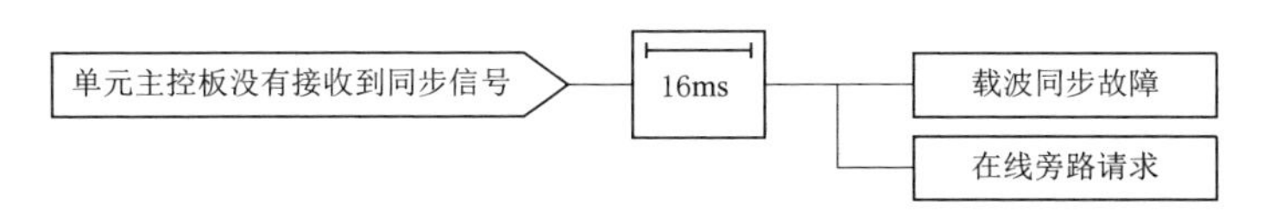

图 3-34　同步故障逻辑框图

2. 换流链保护

换流链的保护主要是通过检测换流链的电压和电流进行保护，换流链保护采集信号如图 3-35 所示。避免超出环流链的承受能力造成设备损坏。换流链保护主要包括交流过压保护、交流欠压保护、STATCOM 过流保护、STATCOM 速断过流保护、TV 故障、同步故障、水冷故障、节点异常故障、急停故障、旁路个数超限故障、装置控制柜与系统控制柜通信故障和失灵保护等 12 种。

（1）换流链交流过压保护。如果装置控制柜检测到 STATCOM 任一线电压高于设定值，并持续一段时间后，交流过压保护会动作，装置控制柜闭锁脉冲，系统控制柜跳闸。交流过压保护逻辑框图如图 3-36 所示。

（2）换流链交流欠压保护。如果装置控制柜检测到 STATCOM 任一线电压低于设定值，并持续一段时间后，交流欠压保护会动作，装置控制柜闭锁脉冲，延时 45ms 后进行重启。交流欠压保护逻辑框图如图 3-37 所示。

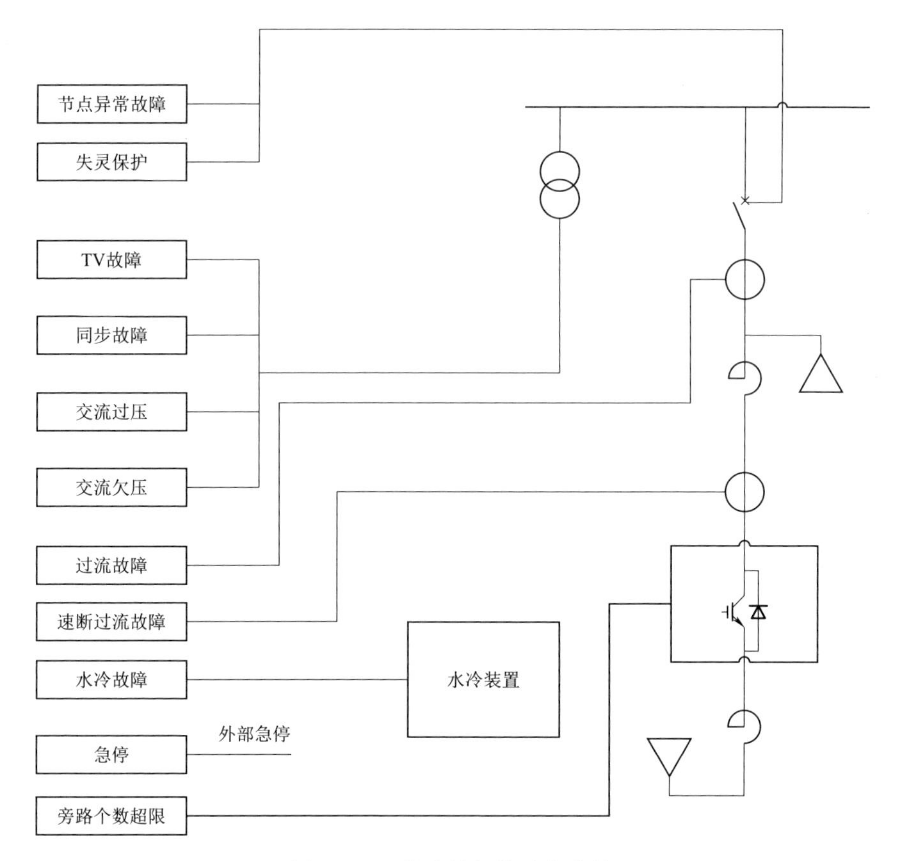

图 3-35　换流链保护采集信号

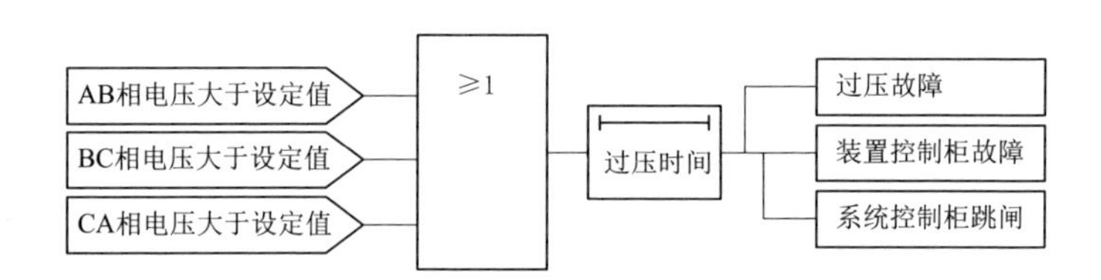

图 3-36　交流过压保护逻辑框图

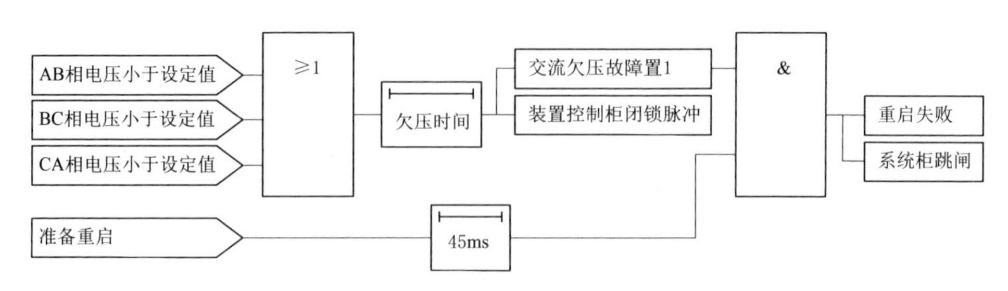

图 3-37　交流欠压保护逻辑框图

（3）STATCOM 过流保护。如果装置控制柜检测到 STATCOM 任一线电流有效值大于设定值，并持续一段时间后，交流过流保护会动作，装置控制柜闭锁脉冲。过流保护逻辑框图如图 3-38 所示。

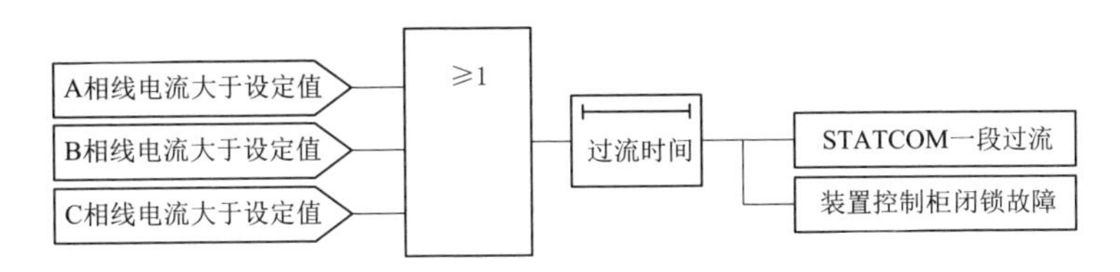

图 3-38　过流保护逻辑框图

（4）STATCOM 速断过流保护。如果装置控制柜检测到 STATCOM 任一相电流瞬时值大于设定值，装置控制柜闭锁脉冲，延时 20ms 后进行重启。速断过流保护逻辑框图如图 3-39 所示。

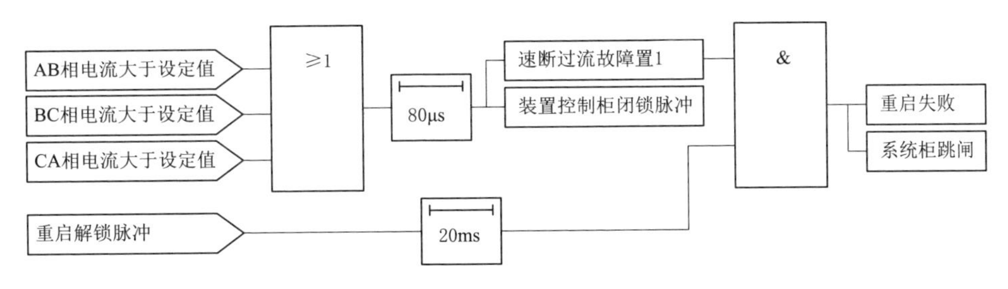

图 3-39　速断过流保护逻辑框图

（5）换流链 TV 故障。如果装置控制柜检测到 STATCOM 三相 TV 信号的最大值和最小值的差大于 40V，并且持续 0.2s，则装置控制柜闭锁脉冲。TV 故障保护逻辑框图如图 3-40 所示。

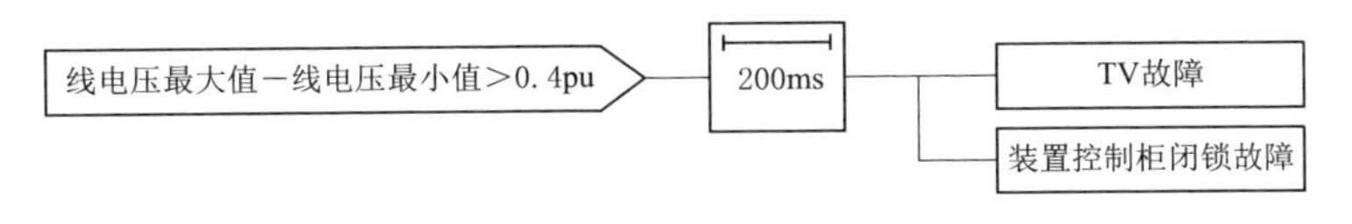

图 3-40　TV 故障保护逻辑框图

（6）换流链同步故障。在控制系统锁相成功之前，如果装置控制柜连续 10s 检测到同步信号（电网电压）的频率不为 49～50Hz，或者信号相序错误则表示同步故障；当锁相成功，则不再检测同步故障。同步故障保护逻辑框图如图 3-41 所示。

（7）换流链水冷故障。STATCOM 系统控制柜检测到阀组运行中水冷

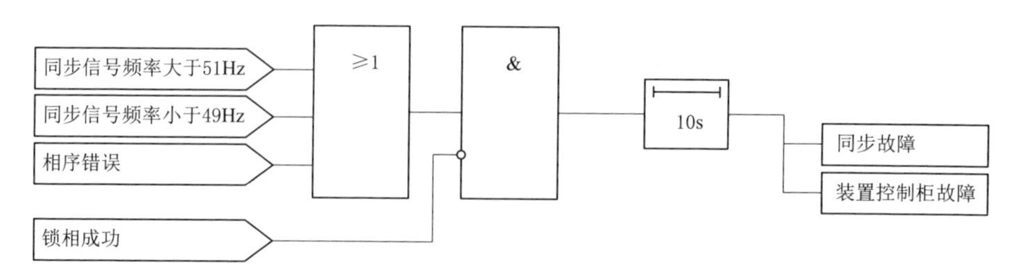

图 3-41　同步故障保护逻辑框图

停止或者检测到水冷保护装置发出的水冷系统综合故障，水冷系统请求停机，水冷系统跳闸，水冷控制器故障等信号，且持续 100ms，则进入水冷保护逻辑，装置控制柜闭锁脉冲，系统控制柜跳闸。水冷故障保护逻辑框图如图 3-42 所示。

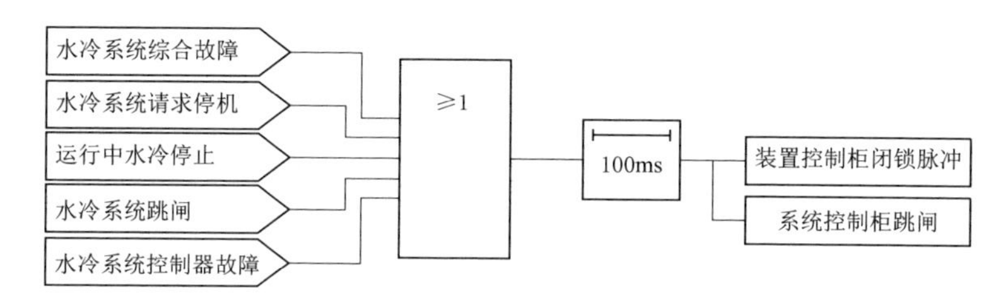

图 3-42　水冷故障保护逻辑框图

（8）换流链节点异常故障。如果系统控制柜检测到 STATCOM 在运行时 STATCOM 的断路器节点均为断开状态，则进入节点异常保护，装置控制柜闭锁，系统控制柜跳闸。节点异常故障保护逻辑框图如图 3-43 所示。

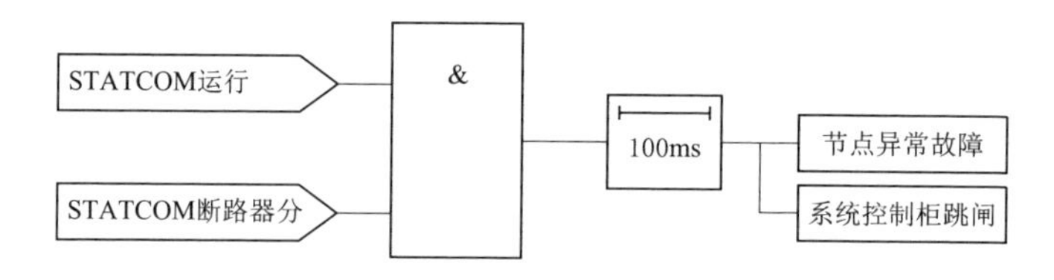

图 3-43　节点异常故障保护逻辑框图

（9）换流链急停故障。装置控制柜或者系统控制柜检测到急停信号，则进入急停保护，装置控制柜故障，系统控制柜跳闸。急停故障保护逻辑框图如图 3-44 所示。

（10）换流链旁路个数超限故障。STATCOM 在设计的时候每相允许

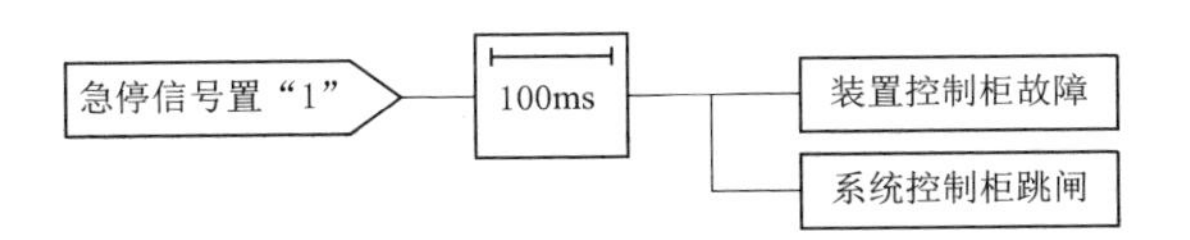

图 3-44 急停故障保护逻辑框图

3 个 H 桥进行冗余旁路。如果装置控制柜检测到某相换流链有“在线旁路请求”和“离线旁路请求”的功率单元个数之和大于 3 时，则进行旁路个数超限保护，装置控制柜故障，系统控制柜跳闸。旁路个数超限故障保护逻辑框图如图 3-45 所示。

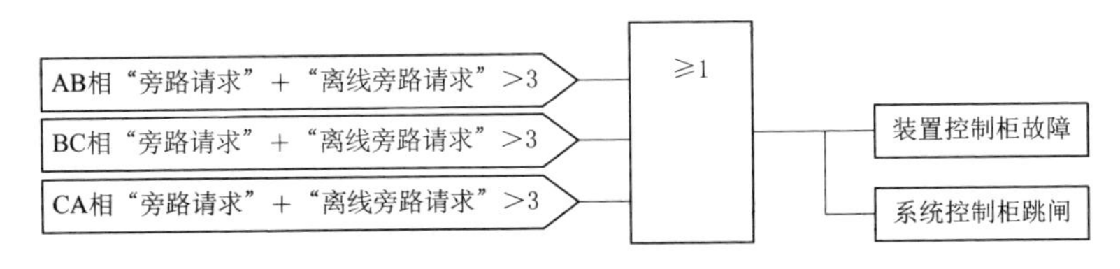

图 3-45 旁路个数超限故障保护逻辑框图

（11）换流链装置控制柜与系统控制柜通信故障。如果装置控制柜连续 5ms 没有收到系统控制柜数据或者数据错误，则装置控制柜进行闭锁故障。如果系统控制柜连续 5ms 没有收到装置控制柜 1 号和 2 号（备用）主控板的数据或者数据错误，则系统控制柜进行跳闸。装置柜和系统柜通信故障保护逻辑框图如图 3-46 所示。

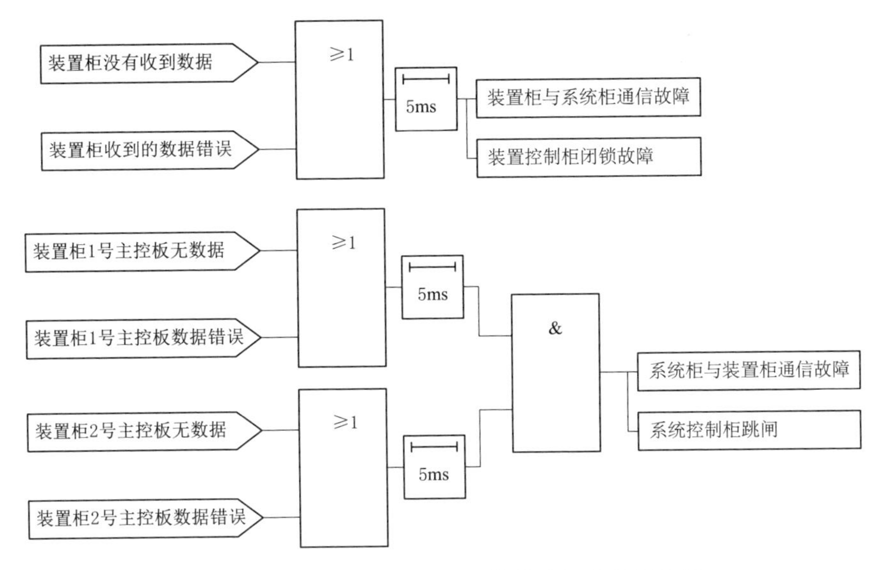

图 3-46 装置柜和系统柜通信故障保护逻辑框图

(12) 换流链失灵保护。当 STATCOM 交流侧开关拒动时，跳专用变高压侧断路器。具体如下：检测 STATCOM 交流断路器状态，分别检测常闭点（0）和常开点（1）。当断路器断开以后节点状态为（0，1），当短路器闭合以后节点状态为（1，0）。如果 STATCOM 跳闸，交流断路器跳闸出口动作，如果在 1s 之内未检测到断路器分闸状态（0，1），判定断路器拒动，失灵保护跳闸出口动作（闭合）。失灵保护逻辑框图如图 3-47 所示。

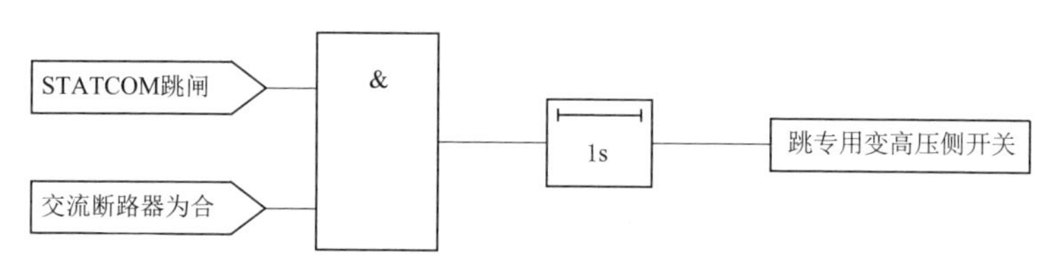

图 3-47 失灵保护逻辑框图

3. 控制系统本体保护

控制系统本体保护主要通过检测控制系统的硬件和软件运行情况进行保护，以免装置发生误动作。STATCOM 控制系统一般由模拟量采样单元（AD）、模拟量输出单元（AO）、数字量输入/输出单元（IO）、通信单元（CO）、扩展单元（EX）、脉冲分配单元（PU）、功率单元控制（LU）和主控单元（MC）组成。控制系统保护主要有硬件保护和软件保护。

(1) 控制系统板卡硬件保护。控制系统上电后会对整个系统的硬件进行自检，如果自检出现故障则禁止启动，并进行相应的报警提示。此类故障主要有以下类型：

1) AD1、AD2、…、ADn（视控制系统组成情况而定）配置故障。

2) AO1、AO2、…、AOn（视控制系统组成情况而定）配置故障。

3) IO1、IO2、…、IOn（视控制系统组成情况而定）配置故障。

4) CO1、CO2、…、COn（视控制系统组成情况而定）配置故障。

5) EX1、EX2、…、EXn（视控制系统组成情况而定）配置故障。

6) PU1、PU2、…、PUn（视控制系统组成情况而定）配置故障。

7) 1、2、…、n 号单元（视控制系统组成情况而定）配置故障。

××板卡配置故障逻辑框图如图 3-48 所示。

1) 在控制器上电以后，首先进入初始化阶段，初始化完成后自动进

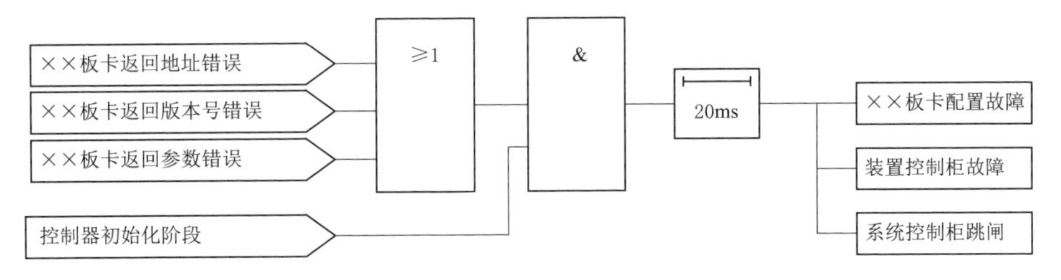

图 3-48　××板卡配置故障逻辑框图

入正常运行程序。初始化阶段主要进行参数和硬件的初始化。

2）在初始化阶段，如果控制器返回的板卡信息错误（地址、版本号、参数等），并持续 20ms，则装置控制柜闭锁脉冲，系统控制柜跳闸。

（2）控制系统板卡软件保护。控制器运行后会对整个系统中各个板卡的软件进行监控，如果某个板卡通信出现异常，则进行脉冲闭锁保护，并进行相应的提示。此类故障主要有以下类型：

1）AD1、AD2、…、ADn（视控制系统组成情况而定）板卡故障。

2）AO1、AO2、…、AOn（视控制系统组成情况而定）板卡故障。

3）IO1、IO2、…、IOn（视控制系统组成情况而定）板卡故障。

4）CO1、CO2、…、COn（视控制系统组成情况而定）板卡故障。

5）EX1、EX2、…、EXn（视控制系统组成情况而定）板卡故障。

6）PU1、PU2、…、PUn（视控制系统组成情况而定）板卡故障。

××板卡故障逻辑框图如图 3-49 所示。其中：①正常运行时，如果装置控制柜或脉冲柜板卡返回的数据校验错误，并持续 5ms 则装置控制柜闭锁脉冲；②正常运行时，如果系统控制柜板卡返回的数据校验错误，并持续 5ms 则装置控制柜闭锁脉冲，系统控制柜跳闸。

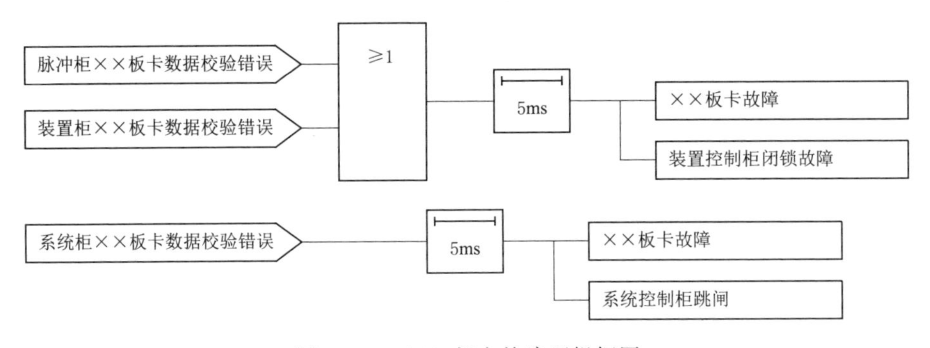

图 3-49　××板卡故障逻辑框图

3.3 STATCOM 故障实例分析

3.3.1 案例一 STATCOM 功率单元板卡电压异常导致跳闸的故障分析

1. 故障简介

××年××月××日，SX 巡维中心值班员接到调度电话，通知 SX 变电站 2 号 STATCOM 故障跳闸。值班员查看监控后台报文，显示在 00 时 17 分 01 秒，2 号 STATCOM CA 相 11 号单元先发送“请求旁路”的信号，旁路成功，紧接着在 00 时 17 分 08 秒，2 号 STATCOM CA 相 11 号单元又发送“请求停机”的信号，2 号 STATCOM 跳闸动作。站端监控系统报文如图 3-50 所示。

时间	类型	设备	记录
~~2013-07-07 15:00:48~~	~~警告~~	~~#2水冷通信~~	~~冷却水供水温度接近露点~~
2013-07-07 15:00:53	警告复位	#2水冷通信	冷却水供水温度接近露点
~~2013-07-07 15:00:59~~	~~事件~~	~~系统控制柜~~	~~#2水冷系统综合报警~~
2013-07-07 15:01:00	事件复位	系统控制柜	#2水冷系统综合报警
~~2013-07-07 15:01:08~~	~~事件~~	~~系统控制柜~~	~~#2水冷系统综合报警~~
2013-07-07 15:01:10	事件复位	系统控制柜	#2水冷系统综合报警
~~2013-07-07 15:01:12~~	~~事件~~	~~系统控制柜~~	~~#2水冷系统综合报警~~
2013-07-07 15:01:13	事件复位	系统控制柜	#2水冷系统综合报警
2013-07-07 16:55:30	事件复位	#2水冷通信	H01电加热器运行
2013-07-07 16:55:30	事件复位	#2水冷通信	H02电加热器运行
2013-07-07 18:06:41	变位	RXPE南瑞装置模块（A网）	开关“66kV IIC1电容器621断路器”状态为分
2013-07-08 00:17:01	故障	装置控制柜2	#3柜（CA相）11号单元请求旁路
2013-07-08 00:17:08	变位	RXPE南瑞装置模块（A网）	开关“35kV 382断路器”状态为分
2013-07-08 00:17:08	警告	装置控制柜2	控制器2监测到故障
2013-07-08 00:17:08	故障	系统控制柜	装置控制柜02号故障
2013-07-08 00:17:08	故障	装置控制柜2	#3柜（CA相）11号单元请求停机
2013-07-08 00:17:09	变位	系统控制柜	开关“382（QF21）”状态为分
2013-07-08 00:19:39	故障	装置控制柜2	#2柜（BC相）20号单元请求旁路
2013-07-08 00:19:42	故障	装置控制柜2	#2柜（BC相）06号单元请求旁路
2013-07-08 00:57:44	事件复位	#1水冷通信	G10风机运行
2013-07-08 00:57:44	事件复位	#1水冷通信	G11风机运行
2013-07-08 00:57:44	事件复位	#1水冷通信	G12风机运行

图 3-50 站端监控系统报文

值班员又查看后台 2 号 STATCOM CA 相单元状态显示页面，发现 11 号单元报 IEGT1 故障、IEGT2 故障、IEGT3 故障、IEGT4 故障、左侧泄漏保护、右侧泄漏保护动作，如图 3-51 所示。

	01	02	03	04	05	06	07	08	09	10	11	12	13	14	15	16	17	18	19	20	21	22	23	24	25	26	27
IEGT1 故障	●	●	●	●	●	●	●	●	●	●	●	●	●	●	●	●	●	●	●	●	●	●	●	●	●	●	●
IEGT2 故障	●	●	●	●	●	●	●	●	●	●	●	●	●	●	●	●	●	●	●	●	●	●	●	●	●	●	●
IEGT3 故障	●	●	●	●	●	●	●	●	●	●	●	●	●	●	●	●	●	●	●	●	●	●	●	●	●	●	●
IEGT4 故障	●	●	●	●	●	●	●	●	●	●	●	●	●	●	●	●	●	●	●	●	●	●	●	●	●	●	●
过流故障	●	●	●	●	●	●	●	●	●	●	●	●	●	●	●	●	●	●	●	●	●	●	●	●	●	●	●
EEPROM 参数校验和错误	●	●	●	●	●	●	●	●	●	●	●	●	●	●	●	●	●	●	●	●	●	●	●	●	●	●	●
左侧泄漏保护	●	●	●	●	●	●	●	●	●	●	●	●	●	●	●	●	●	●	●	●	●	●	●	●	●	●	●
右侧泄漏保护	●	●	●	●	●	●	●	●	●	●	●	●	●	●	●	●	●	●	●	●	●	●	●	●	●	●	●
H 桥隔离电源 1 故障	●	●	●	●	●	●	●	●	●	●	●	●	●	●	●	●	●	●	●	●	●	●	●	●	●	●	●
H 桥隔离电源 2 故障	●	●	●	●	●	●	●	●	●	●	●	●	●	●	●	●	●	●	●	●	●	●	●	●	●	●	●
电容故障	●	●	●	●	●	●	●	●	●	●	●	●	●	●	●	●	●	●	●	●	●	●	●	●	●	●	●
旁路失败	●	●	●	●	●	●	●	●	●	●	●	●	●	●	●	●	●	●	●	●	●	●	●	●	●	●	●
下行光纤故障	●	●	●	●	●	●	●	●	●	●	●	●	●	●	●	●	●	●	●	●	●	●	●	●	●	●	●
上行光纤故障	●	●	●	●	●	●	●	●	●	●	●	●	●	●	●	●	●	●	●	●	●	●	●	●	●	●	●
下行数据错误	●	●	●	●	●	●	●	●	●	●	●	●	●	●	●	●	●	●	●	●	●	●	●	●	●	●	●
上行数据错误	●	●	●	●	●	●	●	●	●	●	●	●	●	●	●	●	●	●	●	●	●	●	●	●	●	●	●

图 3－51　2 号 STATCOM CA 相单元状态显示页面

2. 故障分析

由故障信息可看出，先是在 17 分 01 秒时因为 IEGT 故障，导致 2 号 STATCOM CA 相 11 号单元旁路，紧接着在 17 分 08 秒时又因为泄漏保护动作，导致 2 号 STATCOM 跳闸。

泄漏保护是监测功率单元内部是否漏水的一个保护。在每个功率单元内部左右侧各配置一个漏水监测传感器，当漏水传感器的探头接触到水以后，漏水传感器会输出一个断开节点。单元主控板检测到此节点断开后，触发泄漏保护动作。

故障发生后，值班员前往水冷柜检查 2 号 STATCOM 水冷系统实际水位，发现与故障前基本一致，并未有装置漏水的表现。为进一步确认 2 号 STATCOM CA 相 11 号单元内部是否真的存在漏水现象，在将 2 号 STATCOM 转检修后，值班员与专业班组进入阀组柜内检查。拆开 11 号单元左右模块仔细检查，仍未发现泄漏现象，现场如图 3－52 所示。

通过整体和局部检查都没有 2 号 STATCOM 漏水的痕迹，即可排除存在实际漏水的故障，怀疑是保护误动。于是，值班员和专业班组给 11 号单元上控制电，发现开关电源 PS13 的电源指示灯闪烁，输出电压异常，将开关电源 PS13 的输出侧断开后，开关电源显示正常。逐一排查开关电源 PS13 下级的所有板卡供电电源是否正常，检查结果为 IEGT4 驱动板输入电压为零，输入电源正负极短路。

2 号 STATCOM CA 相 11 号开关电源 PS13 输出负载为四个 IEGT 驱

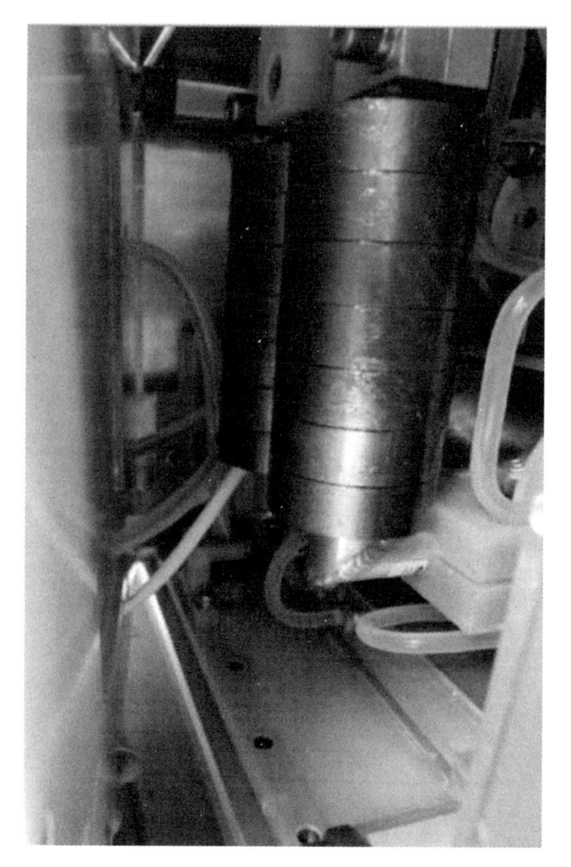

图 3-52　11 号单元模块内部现场图

动板、两个漏水检测板和一个晶闸管触发板，由于 11 号单元 IEGT4 驱动板输入电源正负极短路，造成供电的上级开关电源 PS13 输出侧短路，导致与其共用电源的两个漏水检测板电源电压异常。最终，因 IEGT 驱动板故障导致单元旁路，漏水检测板故障报“左侧泄漏保护”和“右侧泄漏保护”，并造成了 2 号 STATCOM 382 开关跳闸。

3. 故障处理

2 号 STATCOM 跳闸故障发生后，值班员马上收集故障信息汇报调度及上级领导。在检查 2 号水冷系统水位正常后，为进一步检查故障原因，值班员申请将 2 号 STATCOM 转检修，同时也申请将 1 号 STATCOM 退出运行。经过仔细排查分析，最终锁定故障原因为 11 号单元 IEGT4 驱动板输入电源正负极短路导致保护误动。于是，专业班组更换了新驱动板，但由于现场无法确定开关电源内部是否有损坏，所以也一并将开关电源PS1更换，更换后上电正常，故障消除。

4. 故障总结

SX站2号STATCOM由于CA相11号单元中IEGT4驱动板卡输入端正负极短路，引起11号单元旁路，又因为IEGT4驱动板与漏水检测板共用一个开关电源，导致漏水检测板电压异常，造成泄漏保护误动，最终酿成2号STATCOM跳闸事故。

STATCOMH桥单元泄漏保护逻辑采用跳闸保护，在STATCOM运行期间，当H桥单元内部发生泄漏或者漏水检测信号受到扰动，如本次事件，将导致STATCOM控制系统启动跳闸保护，使STATCOM退出运行，这无疑提升了故障等级，增大了维护难度。因此，中国南方电网有限责任公司已组织开展STATCOM装置隐患排查专项工作，根据设备现场运行情况的综合技术评估分析，将STATCOM H桥单元泄漏保护逻辑由跳闸保护改为报警旁路，以提高STATCOM装置运行稳定性，降低事故跳闸概率，减少非计划停运时间。

3.3.2 案例二 STATCOM水冷系统脱气罐排气阀漏水的故障分析

1. 故障简介

××年××月××日，SX巡维中心值班员接到调度电话，通知SX变电站STATCOM频发“水冷系统综合告警”信号，值班员查看站端监控系统，报警信号为“1号水冷系统综合告警”，如图3-53所示。

值班员前往1号STATCOM水冷柜内检查，发现现场缓冲罐液位降低至290mm，低于告警值300mm，如图3-54所示，地面也有明显水迹，如图3-55所示。

2. 故障分析

STATCOM水冷系统是STATCOM装置可靠运行必不可少的组成部

-09-23 06:33:43	警告复位	系统控制柜	#1水冷系统综合报警
-09-23 06:33:48	警告	系统控制柜	#1水冷系统综合报警
-09-23 06:33:50	警告复位	系统控制柜	#1水冷系统综合报警
-09-23 06:33:59	警告	系统控制柜	#1水冷系统综合报警
-09-23 06:37:12	警告复位	系统控制柜	#1水冷系统综合报警
-09-23 06:37:19	警告	系统控制柜	#1水冷系统综合报警
-09-23 06:37:22	警告复位	系统控制柜	#1水冷系统综合报警
-09-23 06:37:30	警告	系统控制柜	#1水冷系统综合报警
-09-23 06:37:47	警告复位	系统控制柜	#1水冷系统综合报警
-09-23 06:37:53	警告	系统控制柜	#1水冷系统综合报警
-09-23 06:37:58	警告复位	系统控制柜	#1水冷系统综合报警
-09-23 06:38:24	警告	系统控制柜	#1水冷系统综合报警
-09-23 06:38:50	警告复位	系统控制柜	#1水冷系统综合报警
-09-23 06:38:57	警告	系统控制柜	#1水冷系统综合报警
-09-23 06:39:04	警告复位	系统控制柜	#1水冷系统综合报警
-09-23 06:39:14	警告	系统控制柜	#1水冷系统综合报警
-09-23 06:39:20	警告复位	系统控制柜	#1水冷系统综合报警
-09-23 06:39:28	警告	系统控制柜	#1水冷系统综合报警
-09-23 06:39:33	警告复位	系统控制柜	#1水冷系统综合报警
-09-23 06:39:45	警告	系统控制柜	#1水冷系统综合报警
-09-23 06:40:12	警告复位	系统控制柜	#1水冷系统综合报警
-09-23 06:40:23	警告	系统控制柜	#1水冷系统综合报警
-09-23 06:40:44	警告复位	系统控制柜	#1水冷系统综合报警
-09-23 06:40:52	警告	系统控制柜	#1水冷系统综合报警
-09-23 06:40:53	警告复位	系统控制柜	#1水冷系统综合报警
-09-23 06:41:02	警告	系统控制柜	#1水冷系统综合报警

图 3-53　站端监控系统报文

分，若水冷系统有异常，将直接影响 STATCOM 装置的运行。而目前 1 号 STATCOM 缓冲罐液位已低于 300mm，若液位持续降低至 100mm，则将导致 1 号 STATCOM 交流断路器跳闸，STATCOM 非计划停运。因此，快速找出漏水点，阻止液位进一步降低是值班员处理该故障的首要任务。

经过值班员现场仔细查找，发现地面水迹是由一个矿泉水瓶溢出，这个矿泉水瓶中有一条软管从脱气罐上的排气阀引出，如图 3-56 所示。

值班员在现场并未发现其他漏水点，因此可以基本判断是 1 号 STATCOM 水冷柜内的脱气罐顶部排气阀漏水导致缓冲罐液位降低。

脱气罐是水冷系统主循环回路中重要的设备之一，用于排除系统在运行过程中形成的气体。脱气罐上连接的排气阀，采用的是浮球杠杆式结构。其排气的工作原理是：脱气罐中气体上升集中在顶部，将水位下压，浮筒没有浮力撑起；在重力作用下，将杠杆的一端向下拉下，使杠杆处于倾斜状态，在杠杆与排气孔接触部分便出现空隙，空气就通过此空隙由排

图 3-54　1 号 STATCOM 缓冲罐液位

气孔排出；随着空气的排出，水位上升，浮筒在水的浮力作用下向上浮起，带动杠杆上的密封端面逐渐压上排气孔，直至整个排气孔被完全堵住，防止冷却水从排气孔排出。

现场检查，发现排气阀内充满水，浮筒已顶住排气阀顶端，如图 3-57 所示，但排气孔仍有水排出，可推断出排气阀顶端的密封失效，导致冷却水不断从排气孔漏出，致使液位降低。

3. 故障处理

本次 STATCOM 水冷系统脱气罐排气阀漏水的故障处理可分为三步。

第一步，阻止液位持续下降。在基本确定漏水点是脱气罐上的排气阀后，值班员与厂家联系，根据厂家的建议，关闭了脱气罐与排气阀连接处的阀门，如图 3-58 所示。在关闭阀门后，排气阀不再漏水，缓冲罐的液位也维持稳定。

图 3-55　1 号 STATCOM 水冷柜地面有明显水迹

图 3-56　脱气罐上排气阀漏水

第二步，补充冷却水，复归信号。STATCOM 水冷系统中有补水回路，当水冷系统因漏水等原因导致液位下降时，可从补水罐中补充冷却水。补水的大致操作步骤是：打开补水罐与去离子罐之间的阀门，在水冷系统控制柜启动补水泵，等待缓冲罐液位达到运行值后，停止补水泵，再关闭补水阀门；补水时，由于缓冲罐中液位上升，挤压气体，所以要手动打开缓冲罐顶部的排气口，排出罐内多余的气体，将缓冲罐压力控制在合

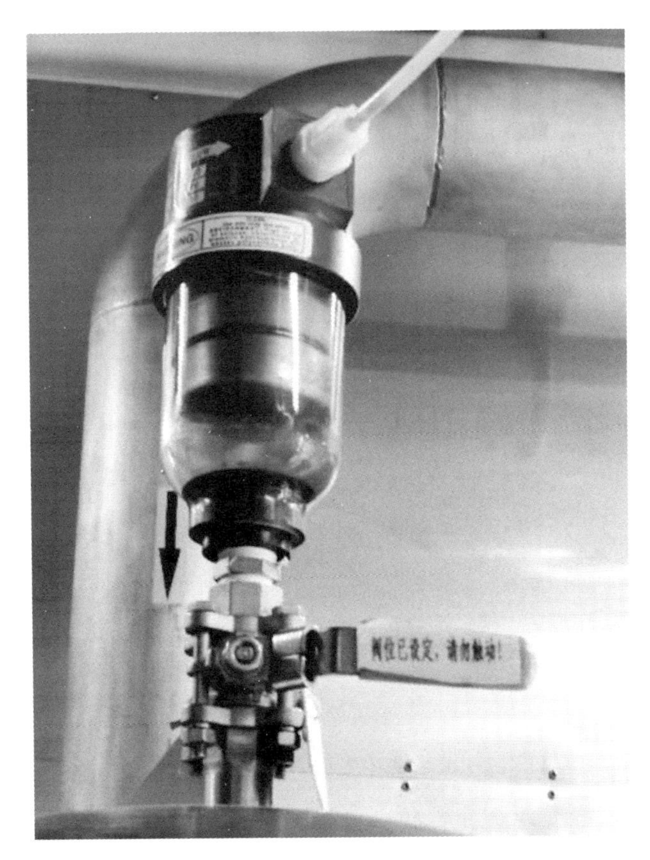

图 3-57　排气阀充满水，浮筒已到顶部

理范围内；补水完成后，缓冲罐液位恢复正常，“水冷系统综合报警”的信号也复归。

第三步，更换故障排气阀。更换排气阀需将水冷系统停运，但 STATCOM 不能在没有水冷系统的情况下运行，所以此次更换排气阀的工作与 STATCOM 停运检修工作安排在一起开展。而在停电检修之前，因为水冷系统已运行较长时间，且是密闭系统，冷却水中的气体已基本排出，这点从排气阀内充满水可得验证，所以关闭脱气罐的排气阀门不影响水冷系统的正常运行。

4. 故障总结

SX 站 1 号 STATCOM 水冷系统由于脱气罐上的排气阀密封不良，冷却水从排气孔漏出，导致缓冲罐液位降低至告警值，后台监控系统发出

图 3-58　关闭脱气罐的排气阀门

"水冷系统综合报警"的报文。值班员在锁定漏水点后，关闭脱气罐的排气阀门，阻止液位继续减低，然后将补水罐中的冷却水经去离子罐补充至缓冲罐中，恢复缓冲罐的液位，使信号复归。

STATCOM 水冷系统是由多种设备连接而成，而连接处存在因为密封不良、力矩不合适等原因导致漏水的风险，特别是运行时间较长后，密封圈、法兰垫片容易出现老化而导致漏水。这要求运行值班员要定期记录水位，一旦发现水位下降的异常情况，要及时找出漏水点，尽量阻止水位进一步下降，避免出现因为水位过低造成 STATCOM 非计划停运的事件发生。